KB040898

33한 프로젝트

살아 보니, 시간

33한 프로젝트

살아 보니, 시간

바로 지금에 관한 이야기

이권우×이명현×이정모+김상욱

강양구 기획·정리

생각의힘

차례

여는 글 | 시간의 의미, 환갑의 의미_김상욱   7

1부   과거, 현재, 미래   19
2부   지금   71

닫는 글 | 시간 여행_이명현   127
기획의 변 | 강양구가 바라본 삼이三李   137

여는 글 　　　　　　　　　　　　　**시간의 의미, 환갑의 의미**

지

김상욱

숫자에는 아무 의미가 없다. 1은 1이고, 2는 그냥 1이 두 개 모인 거다. '1+1=2'에 심오한 의미는 없다. 2가 만들어지는 과정이자, 2의 정의定義이기도 하다. 정의는 이름을 주는 것이다. 내 이름은 '김상욱'이다. 여기에 어떤 필연적인 이유는 없다. 그렇지 않았다면 나를 처음 보는 사람도 내 얼굴을 보고 이름을 알 수 있으리라. 원래 정의에는 아무 의미가 없다. 모든 숫자는 의미 없는 1을 시작으로 그냥 기계적으로 하나씩 1을 더해 만들어진다. 물론 이렇게 만들어지는 수는 자연수다. 이제 자연수에 사칙연산을 결합하면 우리가 아는 실수實數가 나온다.

　　우리 문화에서는 태어난 지 60년 되는 해를 환갑이라 하여 특별히 취급한다. 하지만 안타깝게도 60은 1을 60번 더했거나, 6을 10번 곱했거나, 360을 6으로 나누어 구해진다는 것 말고 어떤 특별한 의미를 갖지 않는다. 더구나 1년이라는 시간도 지구라는 행성의 자전주기로 지구가 태양공전궤도상의 같은

여는 글　　　　　　7

위치에 왔다는 것을 나타낼 뿐이며, 정확히 365일인 것도 아니다. 결국 이명현, 이정모, 이권우의 공동 환갑을 기념하는 이 이벤트는 본질적으로 아무 의미가 없는 것에서 출발한다고 하겠다.

의미 없는 것에 의미를 주는 것에는 여러 가지 방법이 있다. 세 사람은 거의 매달 전국을 함께 '강연' 여행했다. 마치 트로트 가수(차마 아이돌 가수라고 할 수는 없었다)의 '전국 투어'같이 말이다. 또 이렇게 세 차례 대담을 하고, 그 내용을 정리하여 책으로 출판하려 한다. 이런 이벤트들을 내가 개인적으로 어떻게 생각하는지 궁금하시다면 이렇게 답하겠다. 대담 게스트를 맡은 나, 장대익, 정재승은 각각 70년생, 71년생, 72년생이다. 우리는 동시에 환갑이 될 수 없으니 이런 행사를 하지 못한다는 것인데, 모두 무척 다행이라고 생각할 듯하다. 하지만 내가 존경하는 세 분과 '시간이란 무엇인가' 같은 심오한 이야기를 나누는 것은 60이라는 숫자의 의미나 '환갑쓰리3季 전국 투어'같이 사서 하는 생고생과 상관없이, 그 자체로 흥미로운 기회라고 생각한다.

천문학자(이명현), 생화학 전공자(이정모), 인문학자(이권우)가 있는데도, 굳이 물리학자를 부른 것은 물리학의 시간이 뭔가 특별해서가 아닐까? 하지만 시간의 본질에 대한 물리학의 답은 "모른다(단호)"이다. 물론 물리학은 누구보다 시간을 많이 사용하는 학문이다. 우주는 시간, 공간, 물질로 되어 있다. 시간은 우주를 구성하는 주요 요소 세 가지 가운데 하나라는 말이다. 물리학은 시간이 무엇인지 모르지만, 그렇다고 물리를 하는 데 큰 문제가 있는 것은 아니다. 중요한 것은 시간의 본질이 아니라, 시간을 어떻게 측정하는가이다.

물리학의 아버지 뉴턴은 시간을 정의하지 않았다. 이것은 정말 탁월한 결정인데, 시간이 무엇인지 지금도 알지 못하기 때문이다. 하지만 뉴턴은 수학적이고 절대적인 시간을 말했다. 해가 뜨고 계절이 바뀌어서 오는 시간이 아니라 지구, 달, 태양의 움직임과 무관한, 아니 이 세상과 무관한 숫자로서의 시간! 뉴턴 이래 지금까지 우리는 뉴턴의 생각을 따라 시간을 숫자로 생각한다. 지금 이 글을 쓰고 있는 '11월 7일 4시 29분'에 어떤 특별한 의미는 없다. '4시 30분'은 '4시 29분'보다 1분 늦을 뿐 모두 숫자에 불과하다. 결국 환갑을 기념하는 이벤트에서 환갑이라는 나이에 별다른 의미는 없다. 처음부터 이런 흉흉한 결론이 나온 것은 시간을 주제로 물리학자를 초청한 주최 측이 자초한 일이란 뜻이다.

하지만 시간은 단순한 숫자가 아니다. 내일 오후 7시와 어제 오후 7시는 완전히 다르다. 어제는 기억할 수 있지만 내일은 기억할 수 없기 때문이다. 아무 일을 하지 않아도 내일이 오지만, 무슨 짓을 해도 어제로는 갈 수 없기 때문이기도 하다. 물리학에서는 이것을 '시간의 화살'이라 부른다. 즉, 시간에 방향이 있다는 뜻이다. 누구나 아는 당연한 사실에 거창하게 시간의 화살이라는 이름을 붙이다니, 물리학자의 허세가 심하다고 할지 모르겠다. 시간의 화살이 설명하는 현상은 분명 모두의 상식이다. 하지만 뉴턴에 의하면 시간은 숫자고 물리법칙에 시간의 방향은 없다. 시간은 그냥 숫자니까. 그렇다면 뉴턴의 물리학과 시간의 화살은 양립할 수 있을까? 뉴턴의 물리학으로 시간의 화살을 설명할 수 있을까?

19세기 말 루트비히 볼츠만은 뉴턴의 물리학에서 시간의 화살이 어떻게 탄생하는지 보여 주었다. 볼츠만의 아이디어를 이해하기 위해 루빅스 큐브를 생각해 보자. 큐브를 구입해서 포장지를 뜯었을 때, 큐브 각 면의 색은 모두 같은 색으로 되어 있다. 이제 눈을 감고 100번 정도 마음대로 돌려 보자. 눈을 뜨고 보면 색이 엉망으로 흐트러진 상태일 것이다. 이제 다시 눈을 감고 마음대로 100번을 또 돌려 보자. 눈을 떴을 때 각 면의 색이 처음처럼 같은 색으로 된 상태가 나올 수 있을까? 당연히 불가능하다. 여전히 색은 (다른 모습이지만) 엉망으로 흐트러져 있을 거다.

큐브를 아무렇게나 마구 100번을 돌리면 큐브가 가질 수 있는 거의 모든 경우를 다 커버할 수 있는데, 그 수는 43,252,003,274,489,856,000이다. 이 가운데 처음 상태의 경우는 단 하나다. 그러니까 마음대로 큐브를 돌려 처음으로 돌아가길 기대하는 것은 엄청난 경우의 수 가운데 단 하나가 나오길 기대하는 것이니, (불가능하지는 않지만) 미친 짓이다. 자, 이제 여기서 약간 도약을 해 보자. 비유를 들자면 큐브의 상태를 처음으로 되돌리는 것이 과거로 돌아가는 것과 같다. 매번 큐브를 돌릴 때 회전 방향은 마음대로 정할 수 있다. 시계 방향으로 두 번 돌렸다면 반시계 방향으로 두 번 돌리는 것도 가능하다는 말이다. 회전 방향이 시간의 방향이라면 시간의 방향이 없다는 뜻이다.

큐브를 매번 돌릴 때 양방향이 모두 가능하다. 즉, 시간에 방향은 없다. 뉴턴의 법칙에 시간의 방향이 없는 것과 같다. 하지만 큐브를 제멋대로 돌려서 처음으로 되돌아가기는 힘들다. 처음으로 되돌아가는 것은 무수히 많은 흐트러진 상태에서 단 하나인 초기 상태를 고르는 것과 같다. 즉, 과거로 돌아가

여는 글   11

는 것은 확률적으로 거의 불가능하다. 이것이 볼츠만이 설명하는 시간의 화살이 존재하는 이유다. 여기서 '엔트로피'라는 어려운 개념이 등장한다. 엔트로피는 경우의 수다. 큐브를 돌릴 때, 엔트로피는 경우의 수가 작은 상태(각 면의 색이 같은 초기의 큐브)에서 경우의 수가 많은 상태(색이 흐트러진 큐브)로 바뀐다. 즉, 엔트로피는 증가하기만 한다.

결국 돌고 돌아 환갑 이벤트는 의미가 있다는 훈훈한 결론일까? 시간이 흐르면 엔트로피는 증가한다. 큐브가 흐트러지는 것이 바로 엔트로피가 증가하는 것이다. 왜냐하면 엔트로피는 경우의 수니까. 나이가 들어 노화가 일어나고 시간이 흘러 문명이 폐허가 되는 것도 엔트로피가 늘어나는 것이라 볼 수 있다. 엔트로피가 늘어나는 방향이 시간의 방향이고, 엔트로피는 늘어만 나니까 시간은 되돌릴 수 없다. 그래서 누구에게나 환갑은 한 번뿐이다. 그렇다면 환갑은 중요하다.

하지만 시간은 여전히 숫자다. 시계에 찍힌 숫자다. 시간을 잰다는 것은 적어도 두 개의 사건을 필요로 한다. 예를 들어 보자. 집을 나서는 순간 시계를 보고 시각을 기록한다. 집에 돌아오는 순간 시계를 보고 시각을 기록한다. 여기서 두 개의 사건이란 집을 나서는 사건과 집에 돌아온 사건이다. 나중 시각에서 처음 시각을 빼면 외출한 동안 흐른 시간을 알 수 있다. 이것이 시간을 재는 방법이다. 아인슈타인은 이런 식으로 정의된 시간을 여러 가지 상황에 면밀히 적용하여, 움직이는 사람의 시간과 정지한 사람의 시간이 같지 않다는 것을 보였다. 이것이 그 유명한 상대성 이론의 핵심이다(물론 어려운 내용을 더 알아야 한다. 광속불변 원리라든가 관성계에서 물리법칙이 동일하다는 것 등등. 하지만 여기서는 이 정도로 충분하다고 생각한다). 이것을 끝까지 밀고 가면 무거운 물체 주위에서는 시공간이 구부러지고 블랙홀이 존재하고 우주가 한 점에서 시작했다는 미친 결론이 나온다. 상대성 이론으로 이끄는 시간에 대한 핵심적인 가정은 그것이 시계에 찍힌 숫자라는 것이다.

　　　　천문학자는 물리학자의 시간 이야기에 전적으로 동의하겠지만, 생화학 전공자(이하 생물학자)는 짜증이 날 수도 있다. 당연히 흐르는 시간을 가지고 이런 골치 아픈 이야기만 늘어놓다니. 무엇보다 생물학자에게 시간은 진화의 토대다. 아직 정확히 알지 못하지만, 최초의 생명체만 주어지면 진화는 필연이다. 진화에는 방향이 없다. 그냥 그때그때 최적의 생명체가 살아남는 거다. 이렇게 본다면 진화의 시간에 방향이 있다는 말도 이상하다. 시간은 진화의 방향이 아니라 무작위로 일어난 진화에 순서를 부여한 것이다. 여기에 어떤 경향이 있을 수 있을지언정 방향이라고까지 말하기는 힘들지 않을까? 생물학자의 바람과 달리 시간은 진화의 토대가 아니라 진화의 결과일지도 모르겠다. 그렇다면 환갑 이벤트는 60년이라는 시간의 결과가 아니라, 60년이라는 시간의 이유일지도 모른다는 이야기일까?

시간의 물리적, 형이상학적, 생물학적 의미에 상관없이 우리는 시간에 쫓기며 산다. 정해진 시간에 출근하고 정해진 시간까지 일해야 한다. 마감이 다가오면 밤을 새워서라도 일을 마쳐야 한다. 현대의 시간은 뉴턴의 시간이고, 뉴턴의 시간은 수학의 시간, 기계의 시간이다. 인간이 기계와 함께 일하기 시작하자 기계의 리듬에 맞춰야 했다. 전근대 사람들은 '분' 단위 시간을 사용하지 않았다. '분'은 기계를 사용하지 않았으면 필요 없는 정밀한 시간 단위다. 시민혁명으로 자본가들이 권력을 잡은 후 노동은 사회의 핵심 가치가 되었고, 노동시간과 강도를 놓고 자본가와 노동자 사이에 수많은 갈등이 있었다. 20세기 초에 이르러 하루 8시간, 주 5일 노동이라는 현대의 노동시간 시스템이 만들어졌다. 현대의 우리는 하늘이 무너져도 이 시간을 지켜야 한다. 휴가를 쓸 수는 있지만, 그것은 권리라기보다 나약함을 드러내는 것이다.

인공지능의 등장으로 노동의 미래가 불확실한 지금, 노동시간이야말로 중요한 문제가 아닐 수 없다. 20세기 초에 비해 이미 엄청나게 많은 노동을 기계가 대신하고 있다. 100년 전 노동자의 상당수가 1차 산업에서 일했지만, 2022년 기준 우리나라 1차 산업 노동자는 10%도 되지 않는다. 이들의 노동을 기계가 대체했기 때문이다. 기계가 일을 대신할 때, 인간은 무엇을 해야 할까? 모두가 각자 하고 싶은 일을 하며 살아도 생계 걱정 없는 세상이 이상적인 답이라는 것을 우리 모두 알고 있다. 이상에 도달하지 못하더라도 최소한 생계를 위해 원치 않아도 해야 하는 노동시간만큼은 줄이는 것이 좋은 것 아닐까? 예를 들어 하루 8시간, 주 3일 노동을 하는 식으로 말이다. 왜냐하면 주 5일제가 시작되던 20세기 초에 비해 과학기술은 눈부시게 발전했고 이미 기계가 인간의 노동을 엄청난 규모로 대신하고 있기 때문이다. 그런데 우리는 왜 여전히 주 5일을 일하고 있을까?

이에 대한 가능한 답 가운데 하나가 《가짜 노동》이라는 책에서 다루어진다. 한마디로 인간이 불필요한 일을 끊임없이 만들어 노동시간을 채우기 때문이라는 거다. 왜냐하면 노동은 신성하니까. 일하지 않는 자는 먹지도 말라고 하지 않았던가. 노동을 해야 한다는 것은 근대인의 강박일지도 모른다. 이런 강박으로 만들어진 쓸데없는 노동을 책의 저자들은 '가짜 노동'이라 부른다. 물론 모든 노동이 가짜 노동인 것은 아니다. 진짜 노동도 많다. 생산직보다 사무직에 가짜 노동이 많다. 가짜 노동처럼 보이는 것이 다 나쁜 것도 아니다. 때로는 쓸데없는 일을 하는 것이 좋을 때도 있으니까. 여기서 말하고 싶은 것은 사람들이 원하지 않고 필요도 없지만 단지 노동시간을 채우기 위해 고안된 노동은 하지 않아야 한다는 것이다. 우리는 원치 않는 노동을 하지 않을 수 있는 세상을 만들어 놓고도 노동을 해야 한다는 강박 때문에 불필요한 노동을 하고 있는지도 모른다는 뜻이다.

기계가 노동을 하고 인간은 노는 세상이라. 아름다운 이야기지만 과연 실현 가능한 것인지 의문이 든다. 이런 사회를 만들려면 새로운 사회 시스템이 필요할 것이다. 18세기 서양의 시민혁명이 일어나기 전에 《사회계약론》이라는 이론이 있었듯이, 인공지능이 가져올 새로운 사회에 대한 비전이 필요한 시점이기도 하다. 뿐만 아니라, 노동에 대한 새로운 철학도 필요한 것이 아닐까. 생계를 위한 노동을 할 필요가 없는 미래가 온다면 인간이

할 일은 노는 것이다. 결국 환갑이라는 아무 의미 없는 사건에 의미를 부여하여 재미있게 노는 일이야말로 인류가 가야 할 방향을 제시하는 것이라는 이야기다. 이렇게 시간에 대한 이야기는 돌고 돌아 훈훈한 결론에 도달했다.

1부

과거, 현재, 미래

"과거는 존재하지 않아요.
미래도 존재하지 않아요.
오로지 현재만 있습니다."

김상욱   오늘 이렇게 모인 이유가 선생님들께서 태어난 지 60년 된 해를 기념하기 위해서라고 들었어요. 그런데 우리가 지금 기념하는 '60'이라는 수에 무슨 의미가 있죠?

이명현   의례ritual의 한 형식이죠. 개인이든 공동체든 끊임없이 변하기 마련이고, 그런 변화의 중요한 국면을 기억해서 기념하고 다음으로 넘어가는 절차가 필요했을 겁니다. 영장류 때부터 근대 이전까지는 이런 국면을 가늠할 수 있는 수단이 주기적으로 찾아오는 자연 현상이었어요.

그래서 달의 움직임에 따라 월月이, 해의 움직임(정확하게 말하면 지구의 움직임)에 따라 연年이 나왔을 테고요. 그 해가 열두 번(십이간지), 또 그 열두 번이 다섯 번 반복되는 60이라는 숫자를 상서롭게 생각했겠죠. 실제로 옛날에

는 회갑까지 살면 장수했다고 여겼을 때니까요. 그런 전통
이 관습처럼 이어져 온 것일 뿐이에요.

강양구　예전엔 선생님들께서도 회갑 챙기는 어른, 은사,
선배 보면서 촌스럽다고 생각하지 않았나요? (웃음)

이정모　내가 예순이 되면 절대로 저런 일은 하지 말아야
지 했었죠. (웃음) 그런데 내 일이 되니까 한 달 전부터 두
근거렸어요. 조바심도 나고, 또 회갑을 기념해서 친구들을
만나면 마음이 기쁘고요. 가만히 생각해 보면, '60'에는 두
가지 의미가 있어요. 우선은 이명현 선생님도 언급했지만
오래 사는 것, 장수가 있는데요.

　　　　선사시대에는 넉넉하게 잡아도 평균 수명이 20대
중반이었어요. 문명이 시작되고 나서도 거의 제자리걸음
이었고, 중세에는 오히려 수명이 짧아졌습니다. 태어나
자마자 이런저런 이유로 죽는 영아 사망률이 높았고, 주
기적으로 찾아오는 감염병 팬데믹에도 취약했고요. 산업
혁명이 한창이던 19세기에도 평균 수명은 서른이 안 되었
어요.

20세기 들어와서야 마흔을 넘겼고, 1970년대가 되어서야 예순을 넘기기 시작했습니다. 그러니까 예순을 넘기는 걸 기념하는 일은 자연스러운 의례였죠.

이권우　답변을 보태면, 만 60은 태어난 해를 다시 맞는 나이예요. 60년이 되면 내가 태어난 해와 간지가 같아져요. 말하자면 '60'은 성장과 순환을 동시에 상징하는 거죠. 방금 이정모 선생님께서 이야기했듯이, 이 나이까지 살아남았다는 걸 기념하는 동시에 나아가 삶이 다시 시작된다는 의미도 있어요.

시간은 똑같이 흐르지 않는다는 말

강양구　오늘 우리가 함께 나눌 키워드가 '시간'이에요. 이제 본격적으로 이야기를 시작해 볼게요. 실제로 나이가 들수록 시간 감각이 달라지나요?

이정모　어른들 말 그대로예요. "10대 때는 시간이 시속 10킬로미터로 흐르고, 50대가 되면 시속 50킬로미터로 흐른다"는 이야기를 들었거든요. 옛날에는 시간이 정말 안 갔어요. 그런데 이제는 어영부영 정신없이 지내다 보면 일주일이 지나고, 그러다 월급날이 와요. 너무 시간이 빨리 가는 거예요.

이권우 새로운 경험의 유무에 따른 차이도 있겠어요. 어렸을 때는 모든 일이 새로웠고 또 기억에 또렷이 남았죠. 그런데 나이가 들면 아무래도 한 번 경험해 봤던 똑같은 일을 반복하는 경우가 많고, 그걸 일일이 기억할 필요가 없잖아요. 이렇게 기억을 띄엄띄엄하니까 시간이 빨리 간다고 느끼는 것 아닐까요?

김상욱 같은 생각이에요. 새로운 일을 많이 접하면 그에 비례해서 기억량이 많아지겠죠. 반면에 비슷한 경험이 반복되면 압축되어서 기억량이 줄어들 겁니다. 느끼는 시간은 기억량에 비례할 테니, 새로운 일이 적어 기억량이 줄어드는 노년에는 시간이 빨리 가는 것처럼 느끼는 게 아닐까요?

강양구　　우리가 느끼는 시간을 연구하는 과학자도 비슷한 견해인 것 같아요. 제가 좋아하는 뇌 과학자 가운데 데이비드 이글먼David Eagleman이 있습니다. 이글먼이 재미있는 실험을 하나 했어요. 놀이공원의 기구를 이용해서 피실험자를 50미터 높이에서 뛰어내리게 한 다음에 자신이 땅에 떨어지기까지 걸린 시간을 추측하게 했는데요.

　　　　결과는 어땠을까요? 예상대로입니다. 사람들은 자신이 실제로 떨어지는 데에 걸린 시간보다 훨씬 더 긴 시간을 답했어요. 이글먼은 이 실험 결과를 놓고서 강렬한 자극의 경험이 일상의 그것보다 훨씬 촘촘하게 기억된다고 설명해요. 방금 김상욱 선생님의 표현을 따르자면 기억량이 많은 거죠.

　　　　새롭고 자극적인 경험은 당연히 어린 시절에 많았겠죠. 그러니 어린 시절에는 더 많은 기억이 촘촘히 저장되고 그에 따라 시간도 천천히 가는 것처럼 느껴지는 겁니다. 세 선생님은 60대이지만, 이제 40대 중반인 저도 나이가 들수록 시간이 빨리 가는 걸 느끼거든요. (웃음)

이명현　　노화 영향은 없을까요?

강양구   안타깝게도 노화도 영향을 준다더라고요. 나이
가 든다고 해서 왜 새로운 경험이나 기분 좋은 일이 없겠
어요? 우리가 새로운 것을 접하거나 기분 좋은 일이 생길
때 분비되는 신경 전달 물질이 도파민인데, 노화가 진행되
면 이 도파민의 분비량이 줄어든다고 합니다.

　　　　그러니까 똑같이 새로운 것을 접하거나 기분 좋
은 일이 생겨도 젊은 사람과 비교하면 뇌에서 분비되는
도파민의 양이 적은 거죠. 이렇듯 도파민의 양이 적어지
면 뇌로 들어오는 자극을 종합하는 속도가 느려진다고 합
니다. 바깥세상에서 들어오는 자극을 뇌가 천천히 종합하
니까, 상대적으로 바깥의 시간은 빨리 가는 것처럼 느끼
겠죠?

대체 시간이란 무엇일까?

강양구   김상욱 선생님과 세 선생님의 대화를 기획하면
서 함께 나눌 주제를 고민해 봤어요. 그때 갑자기 한참 전
에 이명현 선생님과 사석에서 나눴던 대화가 떠오르는 거
예요. 그즈음 김상욱 선생님께서 '시간'이라는 주제로 카

오스재단에서 강연을 한 적이 있었거든요. 그 강연 내용을 놓고 이명현 선생님께서 이런저런 논평을 하셨던 게 재미있었어요.

방금 이야기를 나눈 데에서도 확인할 수 있듯이, 시간은 아주 흥미로운 주제잖아요. 그래서 이참에 김상욱 선생님과 함께 시간의 이모저모를 이야기해 보려고 합니다. 마침 김상욱 선생님께서도 우주의 시간, 생명의 시간, 문학의 시간 같은 키워드를 주셨고, 이정모 선생님께서는 권력의 시간 같은 키워드로 답하셨고요.

키워드를 듣기만 해도 무슨 이야기가 오갈지 설레는데요. 일단 가장 기본적인 질문부터 던져 볼게요. 도대체 시간이란 무엇인가요?

김상욱　　언제나 그렇지만 '무엇인가?'라는 질문이 간단치 않아요. '시간이란 무엇인가?'처럼 본질을 따지는 질문은 물리학의 질문은 아니에요. 물리학은 현상을 놓고서 기술하는 학문이지요. 물리학의 질문은 질량을 잴 수 있는가? 더 중요하게는 예측 가능한가? 이런 방식으로 이루어집니다.

아이작 뉴턴도 그렇게 생각했던 것 같아요. 그도 시간을 정의한 적이 없어요. 사실 뉴턴 이후의 물리학자 누구도 '시간이 무엇인가?'를 놓고서 답한 적이 없어요. 뉴턴 이후로 '시간'은 물리학자에게 '숫자'입니다. 철학적으로 표현하면 "(물리적 실체로서) 시간은 존재하지 않는다" 같은 멋진 말을 사용할 수도 있겠네요.

강양구　벌써 탄성을 지르는 독자가 눈에 보이는데요. 알베르트 아인슈타인은요?

김상욱　아인슈타인도 뉴턴과 같은 입장이었어요. 과거, 현재, 미래는 환상이라고 생각했습니다. 아인슈타인의 시간도 첫 번째 사건과 두 번째 사건이 일어났을 때의 시계 눈금을 각각 읽고 나서 그 차를 구한 것일 뿐이에요. 그냥 숫자일 뿐인 건데요. 그렇다면 시간에 대해서 그 이상의 무엇을 이야기하는 것은 무의미한 일이죠.

강양구　T2-T1?

"언제나 그렇지만
'무엇인가?'라는 질문이
간단치 않아요."

이명현   시간 간격!

김상욱   물론 관측자가 보고 있는 시계가 가리키는 눈금
을, 여기서 지금 사건이 일어날 때의 시간이라고 전제해야
겠죠. 정리하자면 뉴턴부터 지금까지 물리학자가 여러 실
험을 통해 검증해서 옳다는 것이 입증된 시간은 단지 숫자
일 뿐입니다. 1, 2, 3, 4 같은. 이런 자연수를 놓고서 우리
가 그 실체나 존재를 탐구하지는 않잖아요?

　　　　일상생활에서 자주 쓰는 '시간이 흐른다'라는 말
도 엄밀하게 이야기하면 오해를 불러일으킬 수 있는 잘못
된 표현이죠. 시간이 실체가 있는 것처럼 가정하니까요.
실제로는 사건과 사건 사이에 읽을(측정할) 시간의 눈금이
있을 뿐이죠. 그 사이를 '시간이 흘렀다'고 표현할 수는 있
겠지만, 물리학의 영역은 아닙니다.

이명현   과학자의 시간 개념을 부연 설명해 볼게요. 시간
에 대해 자꾸 오해가 생기는 이유가 있어요. 우리가 사는
이 뉴턴 역학적인 공간과 시간에서, 공간이 직관적인 데에
반해 시간은 그렇지 않아요. 공간은 한 지점에서 다른 지

점까지 몇 걸음인지를 걸어 보면 잴 수도 있고 볼 수도 있잖아요. 그런데 시간은 눈에 보이지 않아요.

그래서 앞에서 김상욱 선생님께서 설명했듯이 시간 간격이라는 걸 통해 개념화한 겁니다. 그게 과학자가 할 수 있는 최선이에요.

김상욱   아, 엔트로피까지 염두에 두고서 시간의 방향성을 생각하는 방식도 있어요. 우리가 사는 닫힌 시공간에서 다시 돌이킬 수 없는 사건이 있다. 예를 들어 죽은 사람이 다시 살아날 수 없다는 등 엔트로피가 증가하는 방향을 놓고서 시간과 연관 짓는 거죠.

강양구   그래서 '시간의 화살'이라는 표현도 있잖아요?

김상욱   그것도 사실 오해를 불러일으키는 비유입니다. 언뜻 그 표현을 들으면, 우리는 시간이 마치 화살처럼 한 방향으로 이동한다고 연상하죠. 하지만 진짜 의미는 나침반이나 풍향계의 바늘처럼 특정한 방향을 가리키는 것일 뿐이에요. 엔트로피가 증가하는 방향처럼요.

"시간에 대해
자꾸 오해가 생기는
이유가 있어요."

강양구　　또 다른 대가인 스티븐 호킹은 책《시간의 역사》
(까치, 2021)도 썼잖아요.

김상욱　　마침 호킹이 그 책에서 이렇게 설명해요. 핵심은
우주의 시간과 인간의 시간, 즉 심리적 시간이 우연히(?) 일
치한다는 거죠. 호킹에 따르면, 시간은 빅뱅과 함께 세상
에 나타났습니다. 빅뱅 이전에 무슨 일이 있었는지는 묻
지 마세요. 그건 "북극의 북쪽에 무엇이 있느냐?" 이런
질문과 비슷하니까요.

　　　　그렇다면 빅뱅 이후에 우주는 팽창하는 한 방향
으로 진행합니다. 우주의 시간도 마찬가지인데, 바로 엔트
로피가 증가하는 방향이죠. 그런데 공교롭게도 우리가 기
억을 만드는 과정에서도 엔트로피가 증가합니다. 신경 세
포에서 기억을 저장하는 것은 열을 발생하는 과정인데, 이
것은 엔트로피가 증가하는 과정이거든요.

　　　　그러니까 엔트로피가 증가하는 우주의 시간과 일
상생활에서 기억을 만들면서 엔트로피를 증가시키는 인간
의 시간이 일치하는 겁니다. 만약 우주가 다시 수축하면 어
떻게 될까요? 그걸 우주론을 연구하는 과학자는 '빅 크런

치Big Crunch'라고 부릅니다. 우주의 끝을 설명하는 이론 가운데 하나죠. 하지만 그때도 우주의 부피는 줄지만, 엔트로피는 증가해요.

이권우   우리가 죽을 때도 엔트로피가 증가하나요?

이명현   맞아요. 우리가 몸속에 품고 있던, 응집해 있던 질서가 죽으면 무질서로 폭발하죠. 엔트로피가 증가하는 거예요.

이권우   그렇다면 우주가 죽는 것과 사람이 죽는 것이 같군요.

세상을 말하는 다양한 이론들

강양구   여기서 궁금증이 생기는데요. 그렇게 과학자가 말하는 시간의 정체가 명확하다면, 왜 시간에 주석을 다는 과학자의 책이 자꾸 나오는 거예요? 대부분은 물리학자네요. 국내에도 소개된 책 중에서 얼른 생각나는 것만 열거

"그렇다면
 우주가 죽는 것과
 사람이 죽는 것이 같군요."

해 봐도 세 권이나 됩니다. 그것도 다 대가라는 소리를 듣는 과학자들이네요.

카를로 로벨리의 《시간은 흐르지 않는다》(쌤앤파커스. 2019), 리처드 뮬러의 《나우: 시간의 물리학》(바다출판사. 2019), 《리 스몰린의 시간의 물리학》(김영사. 2022) 등이 떠올랐어요.

김상욱 그런 책들에서 문제 삼는 건 시간의 본질이 아닙니다. 물리학의 풀지 못한 난제 가운데 '통일장 이론'이 있어요. 물리학에서는 시간, 공간 그리고 물질에 주목합니다. 그리고 이 셋을 설명하는 두 이론이 있어요.

첫째로 시간과 공간을 다루는 이론인 아인슈타인의 상대성 이론입니다. 그리고 물질을 다루는 이론인 양자역학에서 온 표준모형이 있어요. 쉽게 설명하면 상대성 이론이 시공간을 설명하고, 양자역학이 물질을 설명합니다. 물론 상대성 이론에서도 물질의 특성을 고려하긴 해요. 바로 질량과 그것에 관계하는 힘인 중력이죠. 하지만 물질을 구성하는 원자 같은 미시 세계로 들어가면 양자역학이 관여해요.

단순화하자면, 아주 큰 세상에서는 중력과 상대성 이론 그리고 아주 작은 세상에서는 전자기력, 강한 핵력, 약한 핵력 같은 힘과 양자역학. 이렇게 나뉘어 있는 거예요. 그런데 어떤 순간에는 이 둘을 동시에 고려해서 설명해야 해요. 예를 들어 빅뱅의 순간이죠. 중력은 크고, 크기는 작고. 이 순간에 두 이론이 조화롭게 작동되지 않아요.

하지만 오늘날 많은 과학자들이 이를 믿고 있죠. 우리가 아직 찾지 못했을 뿐 상대성 이론과 양자역학이 조화롭게 작동할 수 있는 이론이 있다고요. 이 이론이 바로 통일장 이론입니다.

강양구   초끈 이론이 주목받는 것도 같은 이유죠?

김상욱   맞아요. 한동안 가장 강력한 후보가 초끈 이론이었어요. 한 시대를 풍미했다가 지금은 힘이 빠졌어요. 요즘에 재조명되고 있는 것이 바로 고리양자중력loop quantum gravity 이론이에요. 앞에서 언급한 책의 저자 가운데 카를로 로벨리와 리 스몰린이 그 이론의 대가입니다.

사실 저도 고리양자중력 이론 전문가가 아니다 보니, 이 이론에서 시간에 대해 어떻게 생각하는지 정확히는 모르겠어요. 리 스몰린의 책을 보면 뉴턴이나 아인슈타인과는 달리 시간은 한 방향으로 흐르는 실체라고 주장합니다. 실체라는 말이 무슨 뜻인지 살펴봐야겠지만요. 아무튼 주류 물리학계에서 시간의 본질에 대한 이런 주장을 완전히 받아들인다고는 생각되지 않습니다. 그래서 자꾸 그런 책을 쓰는 겁니다. 자기 이론의 지지자를 얻고자 대중을 상대로 홍보하는 거예요.

강양구　　과학계 반응은 어때요?

김상욱　　다수의 물리학자는 관심이 없어요. 초끈 이론이나 고리양자중력 이론은 실험으로 검증이 어려워요.

이명현　　수학적으로는 완벽하고 그래서 아름답지만, 실험으로는 검증할 수 없는 이론이죠. 그래서 나는 엔트로피와 시간의 화살 비유 정도가 딱 마지노선이라고 생각해요.

과거는 존재하지 않는다!?

이정모　왜? 나는 '시간이 흐른다'는 표현이 정말 좋아요. 거의 모든 나라에서 그렇게 표현하지 않나요?

김상욱　우리 인간이 시간이 한쪽으로 흐른다고 느끼기 때문에, 그 경험이 워낙에 강렬해서 그렇게 생각하는 것뿐이죠. (웃음)

이정모　사실 직관적인 게 정말로 정의하기 어렵잖아요. 나는 인간 또 동물이 태어나자마자 시간의 흐름을 안다고 생각해요. 자기 행동을 시간의 흐름에 맞추잖아요.

김상욱　가만히 생각해 보세요. 과거는 존재하지 않아요. 미래도 존재하지 않아요. 오로지 현재만 있습니다. 하지만 우리는 무엇인가 흘러가는 실체, 즉 시간이 있고 심지어 그것을 느낀다고 착각해요. 바로 기억 때문이에요. 과거를 기억하니까 그 결과로 과거-현재-미래의 흐름이 있다고 생각하는 거죠. 변하는 것은 시간이 아니라 나입니다.

"사실 직관적인 게
정말로 정의하기 어렵잖아요."

크리스토퍼 놀란 감독의 영화 〈메멘토〉(2001)에서는 단기 기억 상실증에 걸린 주인공이 나와요. 10분마다 기억을 잃어버리는 거죠. 폴라로이드 사진, 메모, 본인의 몸에 새긴 문신 등 과거를 떠올릴 수 있는 중요한 정보에 의존하지 않으면 기억을 못 해요. 영화처럼 기억을 지우거나 뒤죽박죽 섞으면 우리의 시간관념은 엉망이 됩니다.

물리학자들이 보기에 우리의 시간 개념은 이렇듯 기억 덕분입니다. 그렇다면 동물도 인간처럼 시간을 체계적으로 알까요? 글쎄요, 동물도 신경계가 있어서 기억할 수도 있겠군요.

이정모　돌멩이는 못 하겠지. 돌멩이는 시간의 흐름을 모릅니다. 아무것도 생각할 수가 없으니까요. 하지만 돌멩이가 시간의 흐름을 모른다고 해서, 시간이 존재하지 않는다고 말할 수 있나요? 내가 바로 1초 전에 있었다는 사실을 알고 있고, 그래서 과거-현재-미래 시간의 흐름을 인식하고 있는데요.

김상욱　다시 말하지만, 원래 과거는 존재하지 않아요.

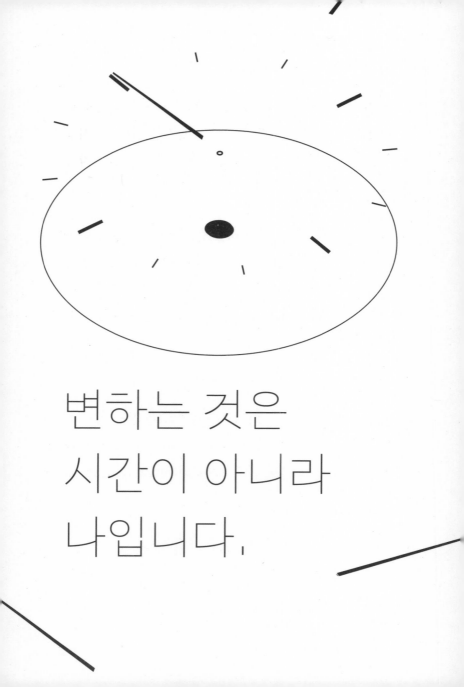

변하는 것은
시간이 아니라
나입니다,

우리의 뇌가 작동하는 방식, 우리의 기억 같은 것이 과거-현재-미래의 시간이 흐른다는 환상을 줄 뿐이죠. 사실 우리 인간도 인지 혁명이 일어나기 전까지 지금과 같은 시간관을 가지고 있었는지도 확실하지 않고요. 어떻게 생각하세요?

강양구　　사실 과거-현재-미래라는 시간관 자체가 근대에 나타난 것이라는 지적이 있어요. 유럽의 경우 중세 시대 이전만 하더라도 대세였던 시간관은 순환하는 시간이었죠. 우리나라에서도 오늘 이 자리를 있게 한 회갑 자체가 60년 만에 원래대로 돌아와서 다시 시작한다는 의미잖아요.

이명현　　시계만 봐도 알 수 있어요. 시곗바늘이 하루 주기로 한 바퀴 돌잖아요. 순환하는 시간과 과거-현재-미래로 흘러가는 시간의 개념이 여전히 섞여 있는 것으로도 보이네요.

5억 4,200만 년 전
지구에는 무슨 일이 일어났나

강양구　　그래서 우리가 김상욱, 이명현 선생님 말씀을 듣고서도 '시간이 흐른다' 같은 비유를 포기하지 못하나 봐요. (웃음) 시간이 흐른다는 비유에 혹하는 또 다른 이유가 바로 생명 현상 때문입니다. 생명 현상은 끊임없이 변하죠. 태어나서 성장하고 노화하고 소멸하고. 그런 변화의 감각을 생명의 시간이라고 부를 수 있을까요?

이정모　　생명의 시간을 생로병사로만 한정하면 안 될 것 같아요. 하나의 생로병사에 이어서 또 다른 생로병사가 계속되니까요.

강양구　　생명의 시간을 염두에 두면, 시간을 보는 두 축이 있는 듯합니다. 하나는 재생과 순환으로 보는 관점이고, 다른 하나는 탄생에서 소멸로 이르는 과정으로 보는 관점이죠.

이정모   사실 생명의 시간을 진화와 멸종의 관점에서 보면, 그 둘을 통합할 수 있습니다. 지구 생명의 다양성은 진화 때문이죠. 그런데 바로 그 진화의 전제 조건이 멸종이거든요. 공룡(파충류)이 사라진 빈자리가 있었기 때문에 포유류가 진화할 수 있었죠. 그러니까 진화-멸종-진화야말로 생명의 시간인 셈이에요.

이권우   여기서 나 같은 독자를 위해 명확하게 정리를 한번 해 줘요. 방금 진화의 전제 조건이 멸종이라고 했잖아요. 그런데 공룡이 지구 생태계를 지배하던 때에도 포유류가 있었을 것 아니에요? 그럼 공룡, 파충류가 멸종되지 않더라도 포유류가 진화할 가능성은 있는 것 아닌가요?

이정모   중생대 때는 공룡과 같은 파충류의 시간이었어요. 물론 그때도 포유류의 조상이 있었죠. 하지만 파충류의 시간이 지속되었더라면, 파충류가 멸종하지 않고서 공간이 나오지 않았다면 포유류의 생존과 진화는 제한적이었을 거예요. 파충류가 아니라 포유류가 사라졌을 수도 있죠. 파충류의 시간이 끝나면서 드디어 포유류에게 기회가 생긴 셈이랄까요?

김상욱　　여기서 기본 가정은 이 세상이 생명체로 꽉 차 있다는 것이죠. 대멸종 등과 같은 사건으로 그 꽉 차 있는 세상에 여백이 생길 때 그곳을 채우면서 다른 진화의 가능성이 커지는 것이고요.

강양구　　흔히 지구 역사를 약 46억 년으로 봅니다. 그런데 우리가 고생대, 중생대, 신생대 이렇게 이름을 붙여서 생명의 시간으로 간주한 것은 고작 5억 4,200만 년 정도밖에 안 됩니다. 그전의 약 40억 년이 넘는 시간 동안에도 지구에서 물리화학적인 사건이 얼마나 많았겠어요. 하지만 생명의 시간이라고 부를 만한 진화–멸종–진화 등의 사건이 드물었기 때문에 그렇죠.

이정모　　방금 강양구 기자가 정리한 것처럼 지구 역사는 약 46억 년, 생명의 씨앗은 약 38억 년 전쯤 시작했을 것이라 봅니다. 그런데 5억 4,200만 년 전까지는, 즉 고생대의 시작점인 캄브리아기 때까지는 생명의 시간이라는 관점에서는 아주 지루했어요. 그러다 바로 5억 4,200만 년 전에 중요한 사건이 일어납니다.

눈! 드디어 생명체에 눈이 생긴 거예요. 눈이 생겼다는 건 삶의 목적이 생긴 겁니다. 그전에도 생명체가 있었어요. 그런데 그 생명체의 대다수는 영양분을 자가 합성하거나, 외부에서 영양분을 흡수하기 위해 할 수 있는 일이, 비유하자면 그냥 입을 "아" 벌리고 바다를 떠다니는 게 다였어요. 그런데 눈이 생겼으니 그에 따른 여러 변화가 나타난 거예요.

일단 눈이 달린 포식자가 피식자를 쫓아갈 수 있게 된 거죠. 눈이 달린 피식자는 포식자를 피해서 도망갈 수 있게 되었고요. 쫓고 쫓기는 역동성이 생태계에 생긴 겁니다. 이뿐만이 아니죠. 시각 정보를 주고받다 보니 생명체의 색깔, 모양도 다양해지고 또 측정도 가능해진 거예요.

김상욱   진짜 '눈eyes'을 말하는 거죠?

강양구   저도 시민들과 대화를 나누다 보면 왜 5억 4,200

만 년 전에는 이름이 없냐는 질문을 종종 받아요. 화석이 발견되지 않아서이기도 하겠지만, 그 시점에 생물 다양성이 증가한 건 이미 과학계에서는 합의된 사실 같아요. 이렇게 약 5억 4,200만 년 전에 지구 생태계의 생물 다양성이 엄청나게 증가한 걸 과학계에서는 '캄브리아기 대폭발'이라고 부릅니다.

이정모 선생님 말씀처럼 눈의 등장과 캄브리아기 대폭발을 연결하려는 시도도 있더라고요. 앤드루 파커의 《눈의 탄생》(뿌리와이파리, 2007)이 대표적이죠.

이정모 캄브리아기 대폭발 전에도 생명체는 분명히 있었어요. 센티미터 이하 크기의 작은 생명체였을 테고, 그나마 골격이 없어서 화석으로 남기도 어려웠을 거예요. 하지만 그 다양성 면에서 캄브리아기 대폭발 이후와는 비교할 수가 없었을 겁니다. 그리고 그때 앞에서 얘기한 대로 눈의 등장이 굉장히 중요한 분기점이었죠.

호기심 많은 과학자가 캄브리아기 대폭발 때 등장해 고생대의 대표 동물인 삼엽충의 눈을 상상해서 만들어 봤어요. 그럴듯해요. 개인적으로 나는 인간이 이만큼 지구 생태계를 지배하게 된 것도 어떤 생명체보다 좋은 시력을 가졌기 때문이라고 생각해요. 인간의 시력은 유전적으로 가장 가까운 영장류인 침팬지와도 비교 불가거든요.

영원히 시간을 논하기 위해서는

강양구 캄브리아기 대폭발 이후에 고비마다 대멸종이 있었잖아요.

이정모 맞아요. 아까도 이야기했지만 그런 대멸종 때문에 포유류 그리고 우리 인간에게 기회가 생긴 거죠. 생명의 시간을 훑어보면 어느 시점에 폴짝폴짝 뛰는 순간이 있어요. 그걸 대멸종이라고 부르죠. 그리고 그 대멸종의 순간에 변화, 진화가 급가속합니다. 캄브리아기 대폭발 이후 지금까지 다섯 번의 대멸종이 있었어요.

강양구 약 4억 4,500만 년 전 고생대 오르도비스기 때한 번. 이때 캄브리아기 대폭발의 주인공이었던 삼엽충이 멸종했죠. 그리고 약 3억 7,000만 년에서 3억 6,000만 년

전 고생대 데본기 말에 한 번. 또 약 2억 5,100만 년 전 고
생대 페름기 때 한 번. 이때 사실상 지구 생명체가 한 번
포맷되었죠?

이정모   잠시만요, 삼엽충은 고생대 끝까지 존재합니다.
종류를 달리하면서요. 그리고 페름기 대멸종 때 지구 생명
체의 95퍼센트 이상이 사라졌어요.

강양구   98퍼센트라는 설도 있어요.

이정모   95퍼센트든 98퍼센트든 지구 생명체 대부분이
사라진 겁니다. 100마리 가운데 다섯 마리가 살아남은 게
아니라 지구 생명체에 100종이 존재한다면 다섯 종만 살
아남은 거죠. 현재까지 과학자들이 확인한 대멸종 가운데
가장 최악의 대멸종입니다. 그래도 2퍼센트든 5퍼센트든
살아남았다는 게 중요하죠.

강양구   페름기 대멸종으로 고생대가 끝나고 중생대가
시작해요. 그러고 나서, 약 2억 500만 년 전 중생대 트라

이아스기 말에 대멸종이 한 번 있어요. 이때 파충류의 판도가 바뀌고 공룡 시대가 본격적으로 시작하죠. 쥐라기와 백악기의 공룡 시대가 이 대멸종으로 열린 겁니다. 그러고 나서 약 6,600만 년 전의 백악기 말 대멸종이 있죠. 공룡 시대를 끝장낸 대멸종!

이정모　　　바로 그 백악기 말 대멸종 때문에 중생대가 끝나고 신생대가 시작했습니다. 포유류 또 우리한테 기회가 왔고요. 그런데 지금 나는 여섯 번째 대멸종이 진행 중이라고 봐요. 과장이 아니에요. 지구에 있는 육상 척추동물의 양은 1만 년 전이나 지금이나 똑같아요. 단지 구성이 극적으로 바뀌었죠.

　　　　　지금은 생물량, 즉 무게 기준으로 육상 척추동물의 3퍼센트만 야생동물이고 나머지 97퍼센트가 인간과 가축이에요. 인간은 호모 사피엔스 사피엔스 한 종이죠. 여기에 소, 돼지, 닭, 양 등을 합해 봤자 채 수십 종이 안 됩니다. 지구 생명체의 종 다양성이 급격하게 줄었어요.

김상욱　　　미생물은요?

이정모   옛날이나 지금이나 엄청나게 다양한 미생물이 자연 생태계에 존재합니다. 여기서 강조하고 싶은 것은 단일 종으로서 그리고 채 수십 종도 안 되는 생명체로서 이렇게 많은 생물량을 가진 건 인간과 그에 딸린 가축이 유일하다는 거예요. 미생물도 엄청난 종 수를 자랑하고, 개미도 최소한 1만 2,000종이거든요.

다섯 번의 대멸종에는 두 가지 특징이 있습니다. 첫째, 최고 포식자는 반드시 멸종해요. 둘째, 최고 포식자는 아니더라도 생물량이 많은 종이 멸종해요. 지금은 어떤가요? 인간은 이 둘 다에 해당합니다. 인간은 지금 지구 생태계의 최고 포식자고, 생물량 면에서도 압도적이죠. 대멸종이 일어나면 멸종이 확실시되는 거예요.

강양구   지금 여섯 번째 대멸종이 일어난다면 기폭제는 기후위기일까요?

이정모   대멸종의 공통 패턴이 있었어요. 첫째, 온도가 급격히 오르거나 떨어져요. 보통 5~6도 정도 변화가 일어납니다. 둘째, 산소 농도가 급격히 떨어져요. 셋째, 화산

폭발 등의 이유로 대기 산성도가 높아지고 산성비가 내려요. 물론 여기서 급격하다는 것은 지구의 입장에서 그렇다는 것이지, 인간의 시간 감각으로는 수만에서 수백만 년이 걸리는 일이죠.

지금 이미 인간 활동으로 지구 생태계의 생물 다양성에 심각한 변화가 생겼어요. 그러다 기후가 변하게 되는 거죠. 앞서 19세기 중반 산업화 이전의 평균 지구 표면 온도(약 13.7도) 대비 1.5도 상승하는 걸 막자는 목표치는 지키기 어려워졌고 2도, 3도 이상 오르는 것도 현재 추세로는 이상하지 않아요.

이런 기후 변화로 대멸종이 가속할 때 과연 인간이 살아남을 수 있을까요? 우리는 지구에 살았던 생명체 가운데 시간을 정의해 보려고 시도했던 유일한 종입니다. 우리 기준으로 우주의 시간과 지구의 시간을 생명의 시간으로 해석했죠. 그런데 시간을 고민하는 인간이 사라지면, 과연 시간이 의미가 있을까요?

강양구   당시 지구 생명체의 95~98퍼센트가 사라진 고생대 페름기 대멸종 권위자로 스미소니언 박물관의 더그

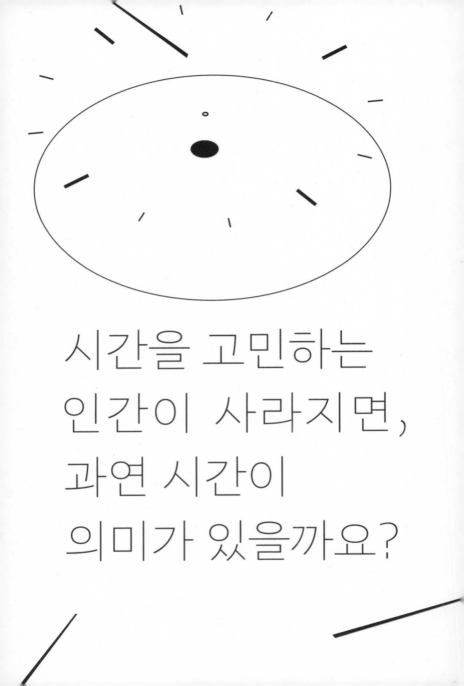

시간을 고민하는
인간이 사라지면,
과연 시간이
의미가 있을까요?

어윈Doug Erwin이 있어요. 어윈은 여섯 번째 대멸종이라고 현재 상황을 규정하기를 조심스러워합니다. 왜냐하면 어윈이 보기에 대멸종은 폭발하는 건물 같대요. 일단 대멸종이 시작하면 그걸 막을 방법은 없어요.

그러니 이정모 선생님 말씀처럼 정말로 여섯 번째 대멸종이 진행 중이라면 우리는 또 인간은 끝장난 거죠. 그러니까 어윈의 얘기는 아직 우리에게 기회가 남았다는 거예요. 우리가 기후위기를 막고자 어떤 대응을 하느냐에 따라서 상황이 더 나빠지지 않도록 제동을 걸 기회가 있습니다.

이정모　지금까지 있었던 어떤 대멸종도 순식간에 이루어지지 않았어요. 심지어 중남미에 떨어진 지름 십 킬로미터 크기의 소행성 때문에 촉발된 것으로 보는 백악기 말의 다섯 번째 대멸종도 순식간에 공룡을 끝장낸 게 아닙니다. 그런데 인류가 지금 하는 모습을 보면 정말 걱정이 돼요.

여섯 번째 대멸종이 본격적으로 시작하는 시점은 산업화 이전 평균 지구 표면 온도 대비 2도가 오르는 시점일 겁니다. 2도가 오르면 미처 예상하지 못한 양의 되먹임 고리 때문에 급격하게 지구 온도가 올라갈 가능성이 있어요. 북극권 영구 동토층 밑에 저장되어 있던 강력한 온실가스인 메테인은 그 가운데 하나죠.

그러니 지구에서 시간이란 단어가 영속하기 위해서 우리가 당장 해야 할 일은 놀랍게도 시간과는 아무 상관도 없는 이산화 탄소, 메테인, 이산화 질소 같은 온실가스를 줄이는 일입니다.

주기율표와 진화

강양구　　우주 차원의 생명의 시간은 어떤가요?

이정모　　앞서 말했듯, 캄브리아기 대폭발 이전에도 지구에는 생명체가 있었어요. 지금은 그 존재를 확인할 수 없는 것들까지 염두에 둔다면 분명히 지구 아닌 태양계나 우주의 행성 가운데 생명체가 있을 테고, 그 가운데는 지적 생명체가 존재하는 행성도 있을 거라고 봅니다. 하지만 그건 우리 입장에서 생명의 시간은 아니죠.

이명현　　지구 같은 행성은 생각보다 많아요. 일단 지금 과학자들이 주목하는 행성은 지구형 행성 가운데서도 바다가 있는 곳이죠.

강양구　　그건 인간 중심적인 사고 혹은 지구 중심적인 사고 아닌가요? 지구와는 전혀 다른 환경에서 진화한 생명체가 있을 수 있잖아요.

이명현　　일단 지구에 사는 생명체가 주기율표의 원자 번호 6번에 해당하는 탄소C 기반의 생명체잖아요. 그래서 탄소 기반의 생명체가 진화하는 조건으로 바다의 존재를 따져 보는 거죠. 지금 강 기자의 질문은 원자 번호 6번이 아니라 주기율표에서 그 바로 아래에 있는 원자 번호 14번의 규소Si 기반의 생명체가 있을 수도 있지 않느냐, 이런 문제 제기 같습니다.

김상욱　　물리학자가 보기에는 주기율표가 사실은 진화에도 영향을 줄 수밖에 없어요. 주기율표에 원자가 늘어서 있죠. 그런데 그 주기율표의 번호가 커질수록 질량이 크고 그것과 연관되어서 우주에서 양이 적어요. 지금 지구에서 진화한 생명의 구성 요소는 탄소를 포함해서 거의 주기율표 두 번째 줄의 조합이에요.

그런데 셋째 줄, 여기에 규소가 있죠, 넷째 줄로 가면 힘들어요. 일단 우주에서 그 양이 적어서 우연히 생명으로 진화할 확률이 아주 아주 작아집니다. 그래서 과학자로서 절대적으로 안 된다고 장담할 수는 없지만, 지구밖에 생명체가 있더라도 그것은 탄소 기반 생명체일 가능성이 큽니다.

이명현　　그런 점에서 지구형 행성에서 지구와 비슷한 특징의 생명체를 찾는 일은 아주 과학적인 접근이에요.

이정모　　덧붙이면, 자전축이 기울어졌는지도 아주 중요해요. 자전축이 기울어져야 계절이 생깁니다. 이렇게 계절이 생기면 사시사철 행성 표면이 받는 에너지가 달라지잖아요. 이렇게 지역마다 다른 에너지 분포에 따라서 아주 다양한 생명체가 생겨날 가능성이 커지죠. 기울어진 자전축이 생물 다양성을 자극합니다.

이권우　　외계 행성에서 자전축이 기울어진 건 또 어떻게 확인해요?

이명현　　행성의 자전축이 기울어진 건 반사율의 변화로 확인할 수 있어요. 지구의 지역마다 햇빛을 받을 때 반사율이 다르잖아요. 마찬가지로 외계 행성에서 그 항성계의 별빛을 반사하는 정도(반사율)가 다른지를 확인하는 거죠.

강양구　　발견의 희열이야 당연히 있겠지만, 생각만 해도 굉장히 지루한 작업일 것 같은데요. (웃음)

이명현　　맞아요. (웃음) 반복해서 관측하고, 빼고. 또 반복해서 관측하고, 빼고. 이런 일을 계속하는 거죠.

강양구　　대단해요. 저는 그런 연구는 못 할 것 같아요.

2센티미터 차이에서도
시간은 다르게 흐른다

이권우　　나 같은 보통 사람은 우주의 시간, 생명의 시간은 가늠하기조차 어려워요. 그 시간 단위가 엄청나게 크니까요.

김상욱　　뜻밖의 반전이 있어요. 물리학에서는 아주 짧은 시간에도 집착합니다. 지금 시간 측정의 정밀도가 상상을 초월해요. 영화 〈인터스텔라〉(2014)를 보면 블랙홀 근처에서 중력이 커져서 시간이 느리게 간다는 설정이 나오죠? 아인슈타인의 상대성 이론에 따르면 중력이 커질수록 시간이 느리게 가거든요.

　　　　　　같은 원리로 지구에서도 시간이 고르지 않아요. 지구에서 멀수록 중력이 약해지겠죠. 그러니까 땅바닥이랑 산꼭대기랑 중력이 달라요. 당연히 땅바닥이 산꼭대기보다 중력이 강하겠죠. 그럼 시간을 땅바닥이랑 산꼭대기에서 측정해 보면 어떨까요? 땅바닥이 산꼭대기보다 시간이 느리게 갑니다.

강양구   비행기에서 측정해도 지표면보다 중력이 약하니까 시간이 빠르게 가죠?

김상욱   네, 중력 차이에 따라서 시간이 다르게 가요. 그런데 그걸 어느 정도까지 다르게 잴 수 있을까요? 놀라지 마세요. 손목을 자연스럽게 둘 때랑 조금 올렸을 때, 그러니까 한 2센티미터의 차이에서 시간이 빨리 가는 걸 측정할 수 있어요. 이제 인류가 정확한 시간을 측정하려면 시계를 어디 둘지가 중요해요. 시간 측정의 정밀도는 2센티미터 차이에도 반응하니까요. *

이권우   그런데 왜 그렇게 정확한 시간 측정에 목을 매요?

김상욱   앞에서 거시 세계에서는 중력, 미시 세계에서는 양자역학이 주로 작용한다고 얘기했었죠. 뉴턴은 태양과 지구 사이의 거리를 놓고서 중력 이론의 기본이라고 할 수 있

• 참고로 2023년의 노벨 물리학상은 찰나의 전자 움직임을 포착하는 빛인 '아토초 펄스'를 구현한 이들에게 수여되었습니다. 여기에서 아토초 attosecond는 10^{-18}초, 그러니까 100경분의 1초를 말합니다.

는 만유인력의 법칙을 정리했습니다. 중력은 태양과 지구의 질량 곱에 비례하고 거리의 제곱에 반비례한다는 것이죠.

지금까지 원자 수준에서는 중력이 너무 작기 때문에 그 영향은 무시했어요. 참고로 수소 원자에서 양성자와 전자 사이의 전기력은 중력보다 10^{39}배, 그러니까 100억 곱하기 100억 곱하기 100억 곱하기 10억 배 정도 크죠. 하지만 이런 궁금증은 있었습니다. 원자 수준의 엄청나게 짧은 거리에서도 중력은 여전히 거리의 제곱에 반비례할까, 같은 질문이요.

이런 질문에 답하려면 원자의 에너지를 엄청난 정확도로 측정해야 합니다. 사실 정확한 에너지를 측정하는 것과 짧은 시간을 아는 것 등은 서로 연관되어 있죠. 원자 세계의 중력의 역할을 제대로 아는 것은 양자중력 이론을 위해서도 도움이 될 겁니다.

사실 현대 과학에서 측정 도구가 발달하며 많은 이론이 죽고 살아요. 물리학의 기본 상수가 빅뱅 이후 변해 왔다는 이론이 있었습니다만, 이런 정밀 측정 기술을 이용하여 그 이론이 틀렸다는 것을 보인 일도 있습니다.

이명현 천문학에서도 그렇습니다. 빅뱅 이래 지금까지 물리법칙이 바뀌지 않았다는 게 대전제예요. 하지만 물리학에서 가정한 기본 상수가 과연 맞을지 회의해 보는 일은 의미가 있죠.

강양구 2023년 8월에도 우주에서 약 69.2퍼센트를 차지하는 것으로 가정하는 암흑 에너지의 존재와 아인슈타인이 도입한 우주 상수가 맞지 않는다는 주장이 나와서 관심을 끌었어요.

김상욱 지금 원자와 분자부터 우주를 연구하는 과학자까지 당연하다고 전제했던 여러 기본 상수가 측정 기술의 발달로 언제든 바뀔 가능성이 있어요.

모든 곳의 시곗바늘이 일치하기까지

강양구 정확한 시간 측정의 사회적 필요성을 놓고서는 영국 역사학자 이언 모티머의 《변화의 세기》(현암사, 2023) 19세기 편에 자세하게 나옵니다. 영국 리버풀에서 맨체스

터까지의 철도 노선이 개통된 날이 1830년 9월 15일이래요. 이즈음부터 철도의 시대가 활짝 열립니다. 1855년 철도 승객 연간 1억 1,100만 명이 1900년에는 11억 1,000만 명으로 늘었으니까요.

모티머는 철도의 예기치 않은 중요한 효과 가운데 하나가 사회 전체에 동질성을 강조하는 일이었다고 설명해요. 예를 들어 철도 교통이 대세가 되기 이전에는 한 나라의 모든 시계가 서로 맞을 필요가 없었죠. 리버풀의 오후 다섯 시와 맨체스터의 오후 다섯 시가 정확하게 같지 않아도 그다지 문제 될 게 없었습니다.

하지만 기차가 두 도시를 철도로 연결하고 단일한 시간표에 맞춰 운행되면서 전국의 시계가 모두 똑같아질 필요가 생겼죠. 당연히 그 전국 시계의 표준이 되는 정확한 시계에 대한 요구도 생겨났고요. 그 표준 시계는 어떤 시계보다도 정확해야 하니까 정확한 시간 측정의 필요성도 대두되었을 겁니다.

이명현 실제로 근대 초기에 철도가 미친 영향이 사회 전반에 엄청났을 것 같아요. 근대 소설을 읽으면 기차가 아주 많이 등장해요. 기차를 타고 떠나는 사람과 남겨진 사람이 있죠. 그 남겨진 사람은 근대에 올라타지 못해 좌절하고 고립된 이들로 묘사가 됩니다. 철도와 기차가 근대의 상징이었던 셈이에요.

김상욱　1300년대, 14세기에 유럽 여러 도시의 광장 시계탑이나 교회 탑에 있는 시계를 통해 시간을 처음 접했을 겁니다. 그때까지 농촌에 있는 사람에게 근대적 시간관은 없었을 거고요. 1700년대, 18세기에 오면 15분 단위로 하루 시간을 나눴어요. 프랑스 절대왕정 시대 루이 14세의 일정표가 15분 단위로 짜였다고 하니까요.

　　　그즈음에 비로소 분 단위의 정확한 시간을 알려주는 기계식 시간이 등장합니다. 그 기계식 시간이 등장할 때 뉴턴역학이 나오고 드디어 우주의 시간을 숫자로 보기 시작하죠. 다음에 철도와 기차가 등장하면서 표준시에 대한 요구가 나오고요. 시계와 시간 또 근대적 과학관과 세계관이 밀접하게 연결되어 있다고 생각할 수밖에 없는 과정입니다.

강양구   그러고 보면, 시간은 근대의 시대정신이네요.

이정모   근대 이전만 해도 사람들이 말하는 시간은 정확할 필요는 없었죠. 그때 시간이 필요했던 이유는 농사 때문이었습니다. 당시에도 천체의 운행으로 농사에 필요한 시기를 가늠할 정도는 되었으니까요. 당시로서는 정교한 천문학적 지식이 축적되었고, 권력은 바로 그런 시간에 대한 정보를 독점함으로써 자신의 지배를 강화했죠.

그 상징적인 결과가 바로 달력입니다. 이즈음에 기독교의 예에서 볼 수 있듯이 권력과 결합한 종교가 부활절, 성탄절과 같은 종교 기념일을 달력에 넣었죠. 달력과 권력의 유착이 더욱더 심화한 겁니다. 그러다 점점 전 세계가 똑같은 달력을 사용하게 되었고, 결국 지구가 한 마을에 비유될 정도로 가까워졌죠.

독일에서 유럽 중세사를 공부하는 이들을 봤어요. 그런데 중세만 하더라도 시간뿐만 아니라 연대가 달랐던 거예요. 그래서 이들은 연대표를 보면서 공부하더라고요. 왜냐하면 독일, 영국, 프랑스, 러시아에서 일어난 일을 비교하려면 그 일이 일어난 연대가 몇 년인지를 정확히 알아야 하니까요. 영국의 몇 년은 러시아의 몇 년이더라, 이 걸 연대표로 확인하는 거죠.

이렇게 권력의 상징이 달력이었다는 사실을 알아야 권력이 바뀔 때마다 달력부터 바꾼 이유를 짐작할 수 있어요. 오죽하면 프랑스에서 프랑스 혁명 이후에 독자적인 달력을 만들었겠어요(혁명력). 1793년부터 약 12년간 프랑스 행정부가 썼는데, 이 혁명력이 얘깃거리가 많아요.

프랑스 역사책을 읽다 보면 '테르미도르 9일', '브뤼메르 18일' 이런 표현이 나옵니다. 이게 다 혁명력이에요. 로베스피에르가 실각한 테르미도르 9일은 7월 20일부터 8월 17일까지의 '테르미도르' 월의 18일을 의미합니다. 나폴레옹 1세가 쿠데타를 일으킨 브뤼메르 18일은 10월 23일부터 11월 21일까지의 '브뤼메르' 월의 18일을 말하고요.

아주 낯설죠? 혁명력은 한 해 열두 달의 시작이 추분입니다. 9월 22일부터 10월 22일이 한 해의 첫 달이에요('방데미에르'). 추분이 수확의 날이라는 상징성이 있어서 혁명력의 첫날로 정한 거죠. 더구나 당시 혁명력은 10진법이에요. 1분은 100초, 1시간은 100분, 하루 10시간, 일주

일은 10일로 정했습니다.

당연히 보통 사람이 쓰기 불편했을 테고 결국 오래가지 못했죠.

강양구   와, 《달력과 권력》(부키, 2015) 저자답네요. (웃음)

이정모   더해 줘요? (웃음) 중남미의 아즈텍 문명도 정교한 시간관과 그에 맞춤한 달력이 있었어요. 그런데 그들은 60진법을 썼습니다. 왜 60진법이었을까? 민중은 굳이 시간 보는 방법을 알 필요가 없었거든요. 60진법으로 최대한 복잡하게 만들어서 권력이 시간을 지배하려는 꼼수였죠.

러시아에서는 한 주를 5일로 정하기도 했어요. 1917년 볼셰비키 혁명에 성공하고 나서 레닌에 이어 스탈린이 권력을 잡잖아요. 그때 스탈린이 소비에트 달력을 제정했어요. 일주일을 5일로, 한 달은 6주로, 한 해는 72주로 구성했습니다. 1년 360일 이외의 날들은 기념일로 정해 연중 분산 배치했죠.

소련 인민은 주 5일 가운데 하루를 각자의 휴일로 선택하게 했습니다. 이렇게 달력을 만든 스탈린의 노림

수는 무엇이었을까요? 당시 1930년대는 세계 공황으로 소련의 경제 사정도 최악이었어요. 스탈린은 5부제 휴일을 통해서 생산 설비를 중단 없이 가동해서 노동 생산성을 높이고자 했던 거예요.

　　　하지만 역시 실패합니다. 표면적으로는 노동자가 새 달력 덕분에 더 많은 휴일을 누릴 수 있는 것처럼 보였지만, 쉬는 날이 저마다 다르니 가족이나 동료와 함께 시간을 보내지 못하는 일이 많아진 거예요. 익숙했던 예전 달력에 대한 향수도 있었을 거고요. 고쳐서 써 보다가 결국 1940년에 레닌이 혁명 이후 도입한 그레고리우스력을 부활시킵니다.

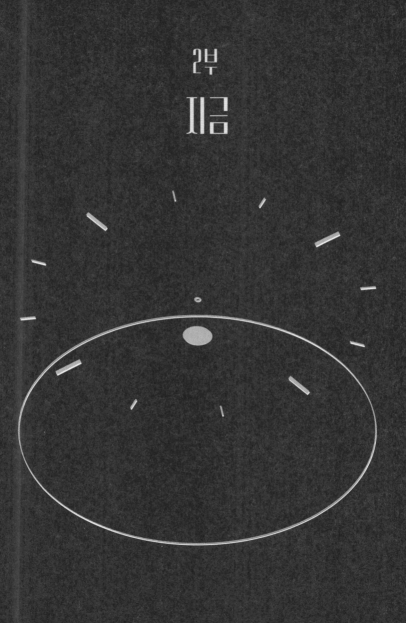

2부

지금

"우리는 이제
더 나아진다는 게 뭔지,
이 질문에서부터 지금
답해야 할 때인 것 같아요."

강양구　최근에 '69시간 노동'이 논란이었잖아요.

이정모　화가 나요. 기본적으로 구석기 시대부터 지켜 온 패턴을 깨는 일이에요. 69시간이라니! 구석기 시대에는 채집이나 사냥을 해도 저장하지 못해서 하루 3시간만 일하면 충분했어요. 자원이 부족한 상황에서 채집하고 사냥하면서 살아가려면 함께 잘 먹고 잘살아야 했죠. 공동체 구성원 한 명도 귀했으니까요.

　　　　저장을 못 하니 재산을 축적할 수도 없고, 재산을 축적할 도리가 없으니 빈부 격차도 없고, 당연히 그에 따른 계급도 생기지 않았죠. 1만 2,000년쯤 전에 농업 혁명 이후 농사를 짓고 남은 것을 저장하기 시작하면서 이 모든 문제가 떠올랐습니다. 농사를 지으면서 인류가 얼마나 힘들어졌는지….

　　　농사일은 지금도 힘들어요. 그런데 변변찮은 농기구나 농기계가 없었던 당시는 지금과는 비교할 수 없을 정도로 농사가 힘들었을 겁니다. 종일 농사일에 매달려야 하는 상황이 그때 생긴 거죠. 거기다 남는 농산물을 축적하고, 그에 따라 빈부 격차와 계급이 나타났어요. 최악으로는 노예가 등장해서 죽도록 일만 하는 인류가 처음 등장해요.

　　　그렇게 농경사회에서 산업사회까지 노동시간이 말도 못 하게 늘어납니다. 그러다 생산성이 늘어나고 노동자의 목소리가 커지면서 노동시간이 줄어들기 시작해요. 뒤늦게 우리나라도 그 혜택을 입었죠. 아직 독일, 프랑스 같은 나라에는 미치지 못하지만 주 40시간까지 어렵게 줄여 왔어요. 그래 봤자, 구석기 시대와는 비교할 수 없을 정도로 길지만요.

　　　그런데 다시 주 69시간이라니요! 노동시간은 주 69시간으로 늘여야 하는 게 아니라 주 35시간, 아니 그 아래로 줄여야 합니다.

강양구　　한 달에 일할 수 있는 노동시간의 한계를 정해 놓고 그 안에서 업무의 필요에 따라 주 노동시간은 69시간까지 자율적으로 조정할 수 있도록 하자는 게 정부의 취지로 알고 있어요. 어떤 업계에서는 밤낮으로 몰아 일해서 프로젝트를 끝내는 관행이 있으니까요. 그런 취지를 염두에 두더라도, 주 69시간이 주는 야만성 때문에 거부감이 생길 수밖에 없죠.

　　　　방금 이정모 선생님께서도 언급하셨지만, 저는 주 32시간. 그러니까 주 4일 노동 지지자입니다. 월, 화 일하고, 수요일 쉬고 목, 금 일하는 식으로요.

이권우　　나흘 일하는 것은 나도 좋아요. 월, 화, 목, 금. (웃음) 그런데 다수의 경영자가 노동시간이 길어질수록 생산성이 늘어난다고 생각하잖아요. 그렇게 정해진 노동시간에 노동자가 딴짓 말고 일만 하도록 강제한 게 바로 시간 규율이고요. 50분 일하고 10분 쉬고, 점심시간은 1시간, 이런 게 그 시간 규율의 흔적이죠.

　　　　미셸 푸코의 《감시와 처벌》(나남출판, 2020)에서도 강조하듯이, 근대적 인간의 가장 기본적인 조건이 시간 규율을 지킬 수 있느냐는 것이에요. 오래전 아직 자본주의 시장 경제가 발전하지 않았을 때는 '코리안 타임'이라는 게 있었어요. 그런데 지금은 그런 것 없어졌잖아요. 우리도 모르게 자본주의 시간 규율에 익숙해진 거죠.

강양구　　맞아요. 오늘 이 자리에 이정모 선생님께서 시간을 착각해서 1시간 늦었잖아요. 다들 시간 규율에 익숙해서인지 아까 정말 표정들이 안 좋아서 걱정했어요. (웃음) 그런데 그 시간 규율이 내면화되어서 보이지 않을 때는 몰랐다가 그것이 표면으로 등장하는 순간, 아주 폭력적으로 느껴지더라고요. 주 69시간 노동이 주는 충격도 마찬가지고요.

　　　　2020년 6월부터 생전 처음 공공 기관에서 일하고 있어요. 원래 언론사가 출퇴근 시간도 들쭉날쭉하고 기사든 프로그램이든 자기 할 일만 제대로 하면 되니까 시간 규율이 통상적인 직장보다는 덜하거든요. 그런데 지금 일하는 곳은 방송국이면서 공공 기관이잖아요. 재단으로 독립하기 전까지만 하더라도 아예 직원 신분도 공무원이었고요.

그런 언론사라서 그런지 부정기적으로 출근 시간 점검을 하더라고요. 오전 8시 30분쯤에 불시에 문자가 날아와요. "오늘 출근 점검이 있습니다." 그러면 9시 전에 기를 쓰고 출근해서 감사실 직원에게 직원증을 보여 주거나, 아니면 출근 확인기에 지문을 찍어야 해요. 9시 1분만 되어도 지각으로 해명해야 합니다.

여기서부터가 문제인데요. 이렇게 직원증 확인하고, 지문 찍는 일에 문제의식이 있는 동료가 없더라고요. 그리고 한 3년 하다 보니 저도 그런가 보다 하면서 지문 찍는 거죠. 처음의 불쾌감도 무뎌지고요. 그러면서 속으로 이렇게 생각했죠. '나도 어느새 훈육되었구나!' 강제된 노동 규율을 점차 내면화하고 있는 거예요.

그런데 웃긴 대목도 있어요. 9시에 지문 찍고서 우르르 밖으로 나와요. 흡연자는 담배를 태우고, 삼삼오오 근처 카페로 가서 커피를 한 잔씩 마시면서 수다를 떨어요. 그런 모습을 보면 9시에 출근 시간을 점검하는 일이 노동 생산성과는 관계가 깊어 보이지 않는 거죠.

이권우　　이진경의 《근대적 시공간의 탄생》(그린비, 2010)을 보면, 근대적 시간 개념을 상징하는 곳이 학교, 감옥, 공장입니다. 세 가지 특징이 있어요. 시간표, 시계, 징벌의 반복적 계열화. 강양구 기자 경험이 정확히 들어맞네요. 9시까지 출근해야 하고(시간표), 9시까지 출근했는지 확인하는 기록기가 있고(시계), 지각하면 징벌 대상이 되고(징벌의 반복적 계열화).

　　　　사실 공장, 지금의 회사에서 정해진 시간에 출근해서 노동하는 집단이 아니면 임금 노동에 기반을 둔 자본주의 시장 경제 사회는 불가능했습니다. 경영자나 관리자가 유독 출퇴근 시간에 예민한 것도 그런 관행이 지금까지 고스란히 남아 있는 것일 테고, 거기에 또 노동자는 출근 점검에만 응하고 다시 태업하는 방식으로 대응하는 거겠죠. (웃음)

강양구　　이권우 선생님 말씀 듣고 보니까, 어렸을 때 읽었던 《자본》의 한 대목도 떠오르긴 하네요. "자본의 원시축적!" 쉽게 말하면 노동자 만들기가 어떻게 가능했는지를 마르크스가 집요하게 추적하는 대목인데요. 일단 농민으로부터 토지, 가축, 가옥을 빼앗아요. 그럼 농촌에서 먹고살 도리가 없는 이들이 도시 부랑인이 됩니다.

그런데 농촌에서 자기 먹고살 만큼 농사를 지으면서 살던 이들이, 평생 시계를 볼 일이 없었던 이들이 갑자기 공장에 취직해서 말 잘 듣는 노동자가 될 리가 없잖아요. 그래서 거리에는 부랑인, 쉽게 말하면 거지가 넘치게 됩니다. 그다음에 한 일이 거지에게 징벌을 가하는 것이었죠. 가슴에 낙인이 찍히고 채찍질 당하면서 강제 노역을 하든가, 아니면 취직하든가.

당연히 마지못해 공장에 취직할 수밖에 없었을 겁니다. 이런 과정을 거치면서 드디어 노동자가 탄생했다는 이야기인데요. 여기서도 시간을 지키는 훈육이 필수네요.

이권우　학교도 마찬가지잖아요. 시간표는 더더군다나 필수죠. 등교 시간에 늦으면 벌주고, 중간에 나가면 그러니까 소위 '땡땡이' 치면 잡고, 학교 수업은 50분에 10분 쉬는 시간 등. 그리고 이런 일이 반복되면 징벌도 계속되었죠. 말 그대로 예전에는 학교에서 정말 많이 때렸잖아요.

이정모　학교에서 처음으로 심하게 맞았던 적이 있었어요. 쉬는 시간에 나가서 실컷 놀다가 들어왔는데 선생님이 수업 중이더라고요. 집에 갈 때까지 맞았어요. 그러면서 처음으로 강제가 되었죠. '아, 종 치면 들어와야 하는구나. 이러면 안 되겠다.' 너무나 충격이었어요. 몸에 확실히 시간 규율이 각인된 거죠.

이권우　정리하자면 우리가 노동시간을 줄이는 일과 함께 시간표, 시계, 징벌의 반복적 계열화에서 어떻게 벗어날지를 궁리해야 해요. 이 삼각동맹에서 벗어나야 드디어 우리가 온전히 통제된 시간에서 해방될 수 있지요. 일하러 가는 게 그렇게 싫은 것도 이 삼각동맹의 압박에 본능적으로 거부감이 생겨서일 수도 있어.

가짜 노동의 시대

김상욱　노동의 시간을 놓고서는 좀 더 근본적인 질문도 던져 보고 싶어요.

두 덴마크 저자가 쓴 《가짜 노동》(자음과모음,

2022)을 읽고서 충격을 받았는데요. 그 책은 이렇게 질문을 던집니다. "지금 우리 노동이 진짜 사회에 필요한 일인가?" 이런 의문을 품고서 20세기 역사를 살펴보면 이해가 안 가는 구석이 많아요. 1차 세계대전 때 젊은이가 모두 전쟁터에 있었는데도 사회에서 필요한 최소한의 생산성은 유지가 되었습니다.

더구나 지금은 그때와는 비교할 수 없을 정도로 과학기술이 발달해서 생산은 더욱더 늘어났어요. 그렇다면 우리는 100년 전과 비교했을 때 일을 절반만 하더라도 사회의 생산성을 유지하는 데에 무리가 없어야 해요. 그런데 여전히 100년 전처럼 하루 8시간에 주 5일 일하고 있고, 종종 야근하며 심지어 휴일에도 일터에 나갑니다.

이 책은 그런 아이러니한 상황의 핵심에 '가짜 노동'이 있다고 말해요. 쓸데없는 노동이 많아졌기 때문에 우리가 여전히 일의 노예처럼 산다는 겁니다. 저자들이 이야기하는 쓸데없는 노동은 주로 지금 화이트칼라 직종이 하는 일이에요. 필요해서라기보다 '일해야 한다'는 당위 때문에 놀 수 있는데도 일을 만들어서 하고 있다는 거죠. 그렇게 만들어진 일들이 가짜 노동입니다.

강양구   그걸로 밥벌이하는 분들에게는 죄송합니다만, 파워포인트 발표 자료를 예쁘게 꾸며 주는 회사도 많더라고요. 정부나 기업을 상대로 프로젝트 수주를 해야 하는 기업은 일단 파워포인트 발표 자료를 제작하고서, 상당한 대가를 지불한 후 예쁘게 꾸며 달라고 의뢰한다고 해요. 정말 사회 유지에는 전혀 도움이 안 되는 일이죠.

이참에 질문이 있어요. 유명한 물리학자들, 예를 들어 알베르트 아인슈타인, 로버트 오펜하이머, 리처드 파인먼 같은 과학자요. 그들의 학회 발표 사진을 보면 칠판과 분필만 있더라고요. 김상욱 선생님은 어땠어요? 물리학자의 학회에서 파워포인트 자료가 필수가 된 게 언제부터인가요?

김상욱   대학원생, 아니 초임 교수 때만 하더라도 학회에 가서 발표하면 칠판에 적는 일도 많았고, 투명필름에 손으로 써서 오버헤드 프로젝터를 이용하기도 했습니다. 특히 이론물리학과에서는 종종 칠판, 분필이면 충분했거든요. 그러다 파워포인트 자료가 들어오면서 모든 게 바뀌었죠.

일단 파워포인트 자료 만드는 데에 시간이 많이

들어요. 거기다가 시간이 지날수록 작업이 단순해지기는 커녕 더 예쁘게 만들기를 원해요. 텍스트보다는 그림을 그려야 하고 동영상도 제작해야 하죠. 때로 예술 작품이나 다름없는 다른 사람의 발표 자료를 보며 기죽을 때도 있었어요. 그런 일이 반복되면 결국 학회 발표 자료를 방금 강기자가 얘기한 파워포인트 제작 전문 업체에다 의뢰하는 일이 생길 수도 있겠죠.

강양구　　그나마 다행인 게 마이크로소프트MS에서 자동으로 파워포인트 자료를 제작해 주는 기능을 오피스 프로그램에 탑재한다잖아요.

김상욱　　아니요. 그렇게 자동으로 만들어진 파워포인트 자료를 다시 또 예쁘게 손보는 과정이 생길 거예요. 왜냐하면 전체적으로 좋아져도 다른 사람보다 더 좋아야 하기 때문이에요. 두고 보세요. 저는 《가짜 노동》의 문제의식에 상당히 공감이 갔어요. 우리가 하는 노동 가운데 실제로 필요 없지만 단지 '무언가 해야 하기 때문에' 하는 노동을 어떻게 할 것인가, 이런 토론을 조심스럽게 시작해야 한다고 생각합니다.

강양구　　그것과 관련해서 《장하준의 경제학 레시피》(부키, 2023)의 한 대목에 감동한 일이 있어요. 저도 항상 툴툴거렸던 대목이었는데요. 팬데믹 때 우리가 깨달았잖아요. 의사, 간호사, 응급 구조사를 비롯한 의료계 종사자, 어린이집과 유치원의 보육교사, 요양원과 요양병원의 요양보호사, 교사 등이 없으면 가정, 공동체 그리고 사회가 돌아가지 않는다는 걸요.

　　　그런데 이 가운데 임금이 높은 사람은 의사 정도예요. 나머지는 모두 형편없습니다. 심지어 어떤 직업은 최저 임금을 겨우 넘는 수준이에요. 장하준 선생님은 이렇게 묻죠. 이런 직업을 놓고서 "핵심 일꾼"(영국)이라고 칭송했는데, "어떤 일이 '핵심'임을 인정한다면 그 일을 하는 사람은 당연히 제일 좋은 보수를 받아야 하는 것 아닐까?" 하고 말이에요.

　　　전적으로 동의해요. 《가짜 노동》의 문제의식도 통한다고 생각하고요. 우리의 노동을 사회 유지에 꼭 필요한 것으로 재편하자, 그 과정에서 꼭 필요하지 않은 가짜 노동은 과감하게 없애자! 그러고 나면, 정말 한 사람이 해야 할 노동시간은 작을 거예요. 그럼 이정모 선생님이 얘기했듯이, 진짜 구석기 시대처럼 하루 3시간만 일할 수도 있겠죠.

맞다. 그러고 보니 마르크스도 비슷한 이야기를 했네요. 1846년에 쓴 《독일 이데올로기》에 나오는 유명한 구절이 있잖아요.

> "모두가 자신이 하고 싶은 대로, 오늘은 이 일을, 내일은 저 일을, 즉 아침에는 사냥하고 오후에는 낚시한다. 저녁에는 소를 몰며, 저녁을 먹은 후에는 비평도 해 본다. 그러면서도 사냥꾼도 아니고, 어부도 아니고, 목동도 아니고, 비평가가 되지 않아도 된다."

마르크스뿐만이 아니죠. 마르크스가 죽고 나서(1883년 3월 14일) 3개월 후에 태어난(1883년 6월 5일) 위대한 경제학자 존 메이너드 케인스도 1930년에 쓴 에세이 〈손주 세대의 경제적 가능성Economic Possibilities for our

Grandchildren〉에서 똑같은 이야기를 했어요. 100년 뒤, 그러니까 2030년에는 노동시간이 주당 15시간, 즉 하루 3시간이면 충분하다고요.

지금이 인공지능AI 대폭발의 순간이라는 시각이 있어서 이런 문제를 고민하는 일이 더욱더 중요할 텐데요.

이정모 웹이 등장했을 때를 생각해 봐요. 스마트폰 때도요. 그때는 신기하고 편리했지만, 두렵지는 않았어요. 그런데 챗GPT, 정말 편리해요. 그리고 이번에는 두려워요.

챗GPT를 놓고서 이런저런 말들이 많잖아요. 정작 제대로 사용하는 분은 드물어요. 나는 챗GPT를 이용하고부터 자료를 찾는 시간이 엄청나게 줄었어요. 지금 나의 고민은 이렇게 챗GPT로 절약한 시간을 어떻게 사용할 것인지입니다. 챗GPT가 아껴 준 시간에 내가 더 일을 하게 되면, 그건 불행한 일이잖아요.

강양구 이정모 선생님의 고민은 행복하게 들리는데요?
(웃음)

이정모　맞아요. 내가 챗GPT를 쓰면서 가장 많이 들었던 생각은 질문의 중요성이에요. 질문을 잘하는 사람은 챗GPT의 등장으로 자기 시간도 아끼고 생산성도 늘릴 수 있어요. 반면, 질문을 잘하지 못하는 사람은 챗GPT와 경쟁하는 상황이 될 거예요. 결국 그들 자신의 노동을 잃어버릴 위기에 처하겠죠.

강양구　가만히 생각해 보면, 40대 중후반의 내 또래도 챗GPT 탓에 일자리를 빼앗길 것 같지는 않아요. 그냥 나이 들어서 후배에게 밀려나겠죠. (쓴웃음) 오히려 심각하게 걱정해야 할 세대는 현재 고등학생, 대학생처럼 앞으로 사회에 진입해서 어떤 직업이든 경력을 쌓는 이들이 아닐까 싶어요.

　　　음, 기자를 예로 들어 볼까요? 입사하고 수습기자로서 처음 연습하는 게 300자, 500자짜리 짧은 기사를 쓰는 일입니다. 사실만 단순하게 정리하는 기사죠. 그런데 처음에는 요령 있게 쓰지 못해서 많이 혼나요. 요즘에는 아예 연차가 쌓여도 그런 기사만 반복해서 쓰는 디지털 뉴스 전담 기자가 언론사마다 아주 많이 있죠. 이른바 '낚시

기사'들이요.

　　　　그런데 그런 기사는 사실 챗GPT 같은 AI가 훨씬 정확하게, 빨리, 많이 쓸 수 있어요. 장담컨대 디지털 뉴스 전담 기자는 금세 인간 기자에서 AI 기자로 대체될 겁니다. 더 큰 문제는 수습기자로 경력을 쌓아야 하는 초짜 기자가 설 자리가 좁아지는 것이죠. 그들은 1년, 2년, 3년 경력을 쌓고 나서야 베테랑 기자가 될 수 있으니까요.

김상욱　　기성세대도 마냥 안심하기에는 일러요. 지금의 AI 발전 속도를 염두에 두면, 아까 언급했던 수많은 가짜 노동을 대체하는 건 시간문제입니다. 물론 또 다른 가짜 노동이 만들어지겠지만, 지금 그 가짜 노동에 종사하던 기성세대도 일자리를 잃는 고통을 단시간에 피하기는 어려울 거예요.

강양구　　가짜 노동도 없애고, 나아가 AI가 감히 넘보지 못할 인간의 자리도 지킬 수 있는 대안이 있어요. 앞에서도 언급했던 돌봄노동이요. 다수의 과학자와 엔지니어는 앞으로도 오랫동안 인간이 하던 일 가운데 돌봄노동을 AI

나 로봇이 대체하기는 어렵다고 말합니다. 두 가지 이유가 있어요.

돌봄노동은 전문 지식, 숙련노동, 감정노동, 육체노동 등 업무 성격이 다양한 복합 노동이니까요. 게다가 각각의 노동을 쪼개서 그에 맞춤한 AI나 로봇을 만들기보다는 사람이 하는 게 효율도 높고 비용도 싸죠. 요양보호사나 보육교사를 AI와 로봇으로 대체한다고 상상해 보면 그냥 사람에게 시키는 게 낫겠다, 싶잖아요.

더구나 앞으로 저출생-고령화 시대가 심화할수록 돌봄노동의 필요성은 커질 거예요. 그렇다면 우리는 왜 AI-로봇 시대에 돌봄노동의 사회적 가치를 높이려고 노력하지 않을까요? 지금 요양보호사는 고령의 저임금 여성 노동자, 보육교사는 젊은 저임금 여성 노동자가 전담하고 있습니다.

일단 요양보호사나 보육교사처럼 중요한 직업을 이렇게 박하게 대접하는 게 맞나, 이런 생각이 들고요. 또 바로 그런 저임금 때문에 요양보호사나 보육교사에 적성이 맞는 사람이 쓸데없는 가짜 노동에 종사할 수도 있겠다는 생각도 들어요. 돌봄노동의 사회적 가치가 올라가면 정말 세상이 바뀔 겁니다.

돈으로 환산되지 않는 시간도 아름답다

이정모　요즘 나를 심각하게 돌아보고 있어요. 얼마 전에 언론 인터뷰가 예정돼 있어서 3시간 넘게 준비한 일이 있었는데요. 막상 인터뷰할 때는 그것과 관계없이 평소에 생각했던 이야기를 늘어놓더라고요. 사실 3시간 넘게 준비할 필요가 없었던 거예요. 그런 일이 많아요. 돌아보면 쓸데없는 일인데, 강박적으로 무엇인가 하는 거죠. 심지어 새벽이나 야간에도 말이에요.

강양구　《가짜 노동》의 저자도 노동 중독을 언급하잖아요. 일을 하지 않으면, 즉 노동하지 않으면 내 몫을 하면서 살지 못한다는 죄책감을 느낀다고요. 이정모 선생님도 그런 상황 아닐까요?

이정모　나이가 들수록 자꾸 나의 하루를 강박적으로 정량화하려고 해요. 나만 하더라도 내가 하는 일 하나하나에 가치를 부여하려고 노력합니다. 그 가치라는 게 결국은 돈으로 환산하는 거예요. 그래서 돈으로 환산되지 않는 시간은 가치가 없는 것이 되고요. 노닥거리거나 빈둥거리는 시간 정도로 치부되지요.

김상욱 정량적으로 측정할 수 있는 것에만 존재의 의미를 부여하는 게 근대 과학의 정신이죠. 그게 자연과학을 연구할 때는 좋은 방식이지만, 인간의 삶은 다르잖아요. 세상에 존재하는 모든 걸 물리학적인 방법에 맞추는 것, 즉 모든 것, 심지어 행복이나 인생의 가치까지 정량화하려고 한다든가 측정되지 않으면 존재하지 않는다고 보는 것, 이런 사고방식의 기본 틀이 물리학에서 온 것 같아서 물리학자로서 죄책감이 듭니다. (쓴웃음)

강양구 현대 주류 경제학이 그렇게 근대 과학의 영향을 받은 대표적인 분야잖아요. 이와 관련해서 《장하준의 경제학 레시피》에서 또 인상적인 대목이 있어요. 인용해 볼게요.

"여기서 염두에 두어야 하는 중요한 사실
은 경제학이 과학이 아니라는 점, 반론의 여지 없
이 증명할 수 있는 해답은 없다는 점이다. 모든 상
황에 보편적으로 적용할 수 있는 경제학적 해결책
이나 모델은 존재하지 않는다. 각 경제가 처한 상
황과 조건에 따라 거기에 맞는 경제학적 답을 찾아
야 한다는 의미다. 이에 더해 자국 시민에게 도덕
적으로 또는 윤리적으로 무엇이 가장 중요하다고
판단하는지에 따라 많은 것이 달라진다. 우리는 세
계 각국이 코로나19 팬데믹에 어떻게 대처하는지
에 따라 완전히 다르게 펼쳐진 사회경제적 영향을
목격하면서 이를 실감하지 않았는가. 경제학은 인
간으로서 가진 온갖 감정과 윤리적 입장과 상상력
이 모두 포함된 인간 행위를 연구하는 학문이다."
(29쪽)

언제나 균형 잡기가 중요하죠. 실제로 과학혁명,
산업혁명이 한창일 때에도 반발이 있었으니까요. 예술 쪽
에서는 낭만주의가 등장했고요.

시간

김상욱   장하준 교수가 어떤 의도에서 저런 말씀을 하셨는지 이해됩니다. 인간의 삶, 인간의 가치체계에는 물리학을 적용해서도 안 되고, 적용할 수도 없어요.

과학이 인간의 삶으로 들어올 때

이권우   여러분이 다들 과학 커뮤니케이터이기도 하니까 하나 물어볼게요. 과학적 사고방식이 이렇듯 인간사에 영향을 줄 때 그런 폭력성에 대한 반성은 없는 것 같아요.

강양구   흐름을 보면, 특히 1960년대부터 1990년대까지 과학주의의 폐해에 대한 성찰이 많았어요. 20세기에 계속해서 이어졌던 전쟁들(1차 세계대전, 2차 세계대전, 한국전쟁, 베트남전쟁 등)과 그 과정에서 등장했던 핵폭탄, 독가스, 대량 학살 등이 과학기술의 발전과 무관하다고 볼 수가 없었죠.

　　게다가 레이첼 카슨의 《침묵의 봄》(1962)이 상징적으로 보여 주듯이, 과학기술 발전이 생태계에 심각한 영향을 주고 있다는 사실이 드러났습니다. 여기에다 도시화,

"인간의 삶, 인간의 가치체계에는
물리학을 적용해서도 안 되고,
적용할 수도 없어요."

서구화, 자동화에 따른 여러 문제도 드러나기 시작했고요. 핵무기 확산과 핵전쟁의 공포, 1986년 체르노빌 핵발전소 사고 등도 과학기술에 대한 반성을 부추겼죠.

그러다가 2000년대에 들어오면서 분위기가 바뀌었어요. 20세기 말부터 21세기 초까지 반과학주의가 풀뿌리 수준에서 똬리를 틀기 시작한 겁니다. 기후위기 부정론자, 백신 부정론자, 심지어 미국에서는 지구가 평평하다고 믿는 사람까지 있어요. 창조론자나 여기에서 이름을 살짝 바꾼 지적설계론을 주장하는 종교 신자도 여전히 건재하고요. 극단적인 종교 근본주의도요.

이들이 인터넷과 소셜 미디어 그리고 AI 알고리듬과 맞물려서 더욱더 세를 불리는 상황이 되었습니다. 애초 의도했던 것은 아니었겠지만, 극단적인 상대주의나 불가지론과 같은 현대 철학의 일부 흐름이 이들에게 이론적 토양을 제공하는 모습이 되었고요.

그러다 보니 역설적으로 믿을 건 과학뿐이다, 이런 극단적인 과학주의가 등장한 겁니다. 흔히 신계몽주의라는 이름으로 불리는 흐름이죠. 스티븐 핑커의 《지금 다시 계몽》(사이언스북스, 2021), 조지프 히스의 《계몽주의 2.0》

(이마, 2017), 매트 리들리의 《이성적 낙관주의자》(김영사, 2010) 등이 있어요.

김상욱   반지성주의에 대한 비판적 문제의식도 같은 맥락에서 나왔죠.

이권우   나는 한때 기독교도였고, 지금도 기독교 철학이 사고관에 깊이 뿌리박혀 있어요. 그 맥락에서 덧붙이자면, 기독교에서 종말론은 정말 중요합니다. 지금 한국 기독교가 퇴락한 가장 중요한 이유가 더는 종말을 말하지 않음으로써 오만해지고 저잣거리에서 탐욕만 추구하게 되었기 때문이라고 생각해요.

마찬가지입니다. 과학주의, 이성주의 중요해요. 하지만 저는 그 한계를 성찰하는 일이 사라질 때 기독교와 똑같은 길을 걸을 거라 봐요. 기독교에서 종말을 염두에 두는 건 타락하는 일을 끊임없이 경계하는 일로 이어져요. 마찬가지로 과학주의, 이성주의도 한계에 대한 성찰이 있어야 그것이 초래할 부작용을 막을 수 있습니다.

강양구   사실 과학이나 기술을 인문·사회의 관점에서 성찰하는 일은 꼭 필요하죠. 하지만 계속 그런 작업을 해 온 처지에서 말씀드리면 결코 쉬운 일은 아닙니다.

이권우   어렵더라도 강양구 기자 같은 분이, 또 우리가 계속 그런 시도를 해야죠. 김상욱 선생님께서 강하게 말씀하셨지만, 과학이 인간의 삶으로 들어올 때 비판적인 성찰은 불가피한 일이거든요. 그리고 지금 과학기술이 삶에 미치는 영향을 염두에 둘 때, 그걸 제대로 비판하고 성찰하는 일이야말로 인문학, 사회과학이 해야 할 일이고요.

김상욱   전적으로 동의합니다.

지금 다시, 신화의 시간

이권우   앞에서 얘기한 우주의 시간, 그러니까 불가역적인 시간관이 깨지는 곳이 바로 신화입니다. 신화의 시간이라고나 할까요? 과학에서는 빅뱅을 통해 우리의 시공간이 동시에 탄생한다고 말하죠. 하지만 신화의 시간에서는 차이

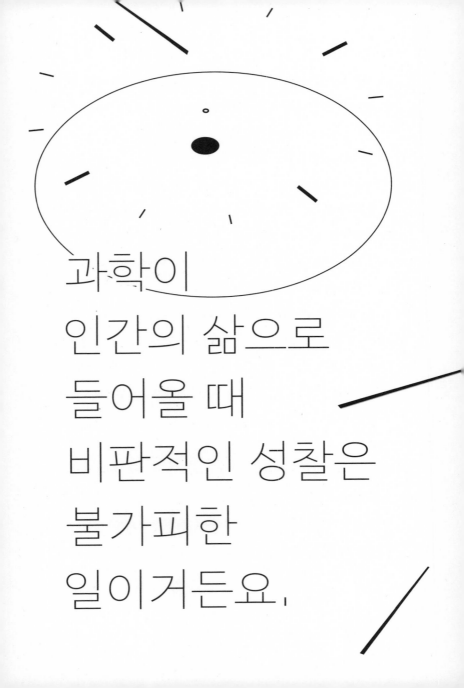

과학이
인간의 삶으로
들어올 때
비판적인 성찰은
불가피한
일이거든요.

가 있어요. 일단 공간이 있어요. 그리고 그 공간에서 거룩한 존재가 출현하면, 그곳은 성화聖化 합니다.

수많은 신화에서 반복되듯이 가장 거룩한 존재가 우주를 창조하죠. 그 창조의 시간에 비로소 시간이 시작됩니다. 고대인의 시간관에서 '과거가 좋았다' 같은 레퍼토리가 반복되는 이유도 이 때문이에요. 창조의 시간에서 멀어질수록 신적 가치로부터 멀어졌다고 본 거죠. 반대로 시간을 거슬러 올라갈수록 신적 가치에 가까워집니다.

급기야 신이 처음 의지를 발휘한 창조의 시간에서 탄생의 에너지를 느낄 수 있다는 식으로 이어져요. 그리고 그 탄생 에너지를 느낄 때 비로소 부활하고 재생하는 일이 가능합니다. 사실 고대인의 축제도 바로 이런 창조의 시간으로 가닿기 위한, 그래서 부활과 재생의 탄생 에너지를 얻기 위한 의례라고 봐야죠.

오늘날도 현대 과학기술의 놀라운 혜택을 받는 수많은 사람이 일주일에 한 번씩 종교의 시간을 체험하러 교회나 절에 가죠. 이것도 결국은 고대인의 욕망과 다르지 않아요. 그리고 이런 신화의 시간이 현대인에게도 여전히 필요한 이유를 우리가 고민해 봐야 해요. 나는 최근에 우

"신화의 시간이
    현대인에게도 여전히 필요한 이유를
    우리가 고민해 봐야 해요."

울증이 늘어난 이유도 신화의 시간에서 멀어진 탓이라고 생각해요. 말하자면 '문명의 불만'인 셈입니다.

김상욱　도발적인 질문입니다만, 현대 기독교 교회에서 그런 종교의 시간을 체험하는 일이 가능할까요? 나아가 기독교가 방금 말씀하신 신화의 시간에 얼마나 부합한지도 의문이에요.

이권우　개인적으로 열심히 공부한 종교학자 미르체아 엘리아데Mircea Eliade(1907~1986)는 마르크스주의와 기독교의 동질성을 이야기합니다. 특히 둘의 시간관이 닮았다는 거예요. 신화의 시간에서 가장 중요한 특징은 가역성인데요. 위대한 존재, 즉 신의 의지 때문에 시간이 시작했는데, 언제든지 그 신과 통하기만 하면 탄생의 순간에 닿을 수가 있어요.

　　앞에서 언급한 축제가 바로 그런 탄생의 순간에 닿기 위한 의례인 것도 이 때문이죠. 종교적 엑스터시야말로 신화의 시간의 처음으로 돌아가서 다시 탄생하는 과정입니다. 쉽게 말하면, 무당이 눈 뒤집고 작두에 올라가는 순간이에요. 우리 무속 신앙은 북방 샤머니즘에 맞닿아 있는데, 그 원조인 시베리아에서는 사다리로 올라가요. 사다리가 작두가 된 거죠.

강양구   역시 한반도가 항상 과해요. 그냥 사다리면 됐지, 무섭게 작두가 뭐예요. (웃음)

이권우   더 극적이잖아요. (웃음) 이제 무당이 작두에 올라갈 때, 종교적 엑스터시는 그 의례에 참가한 사람, 나아가 공동체 전체에 전파됩니다. 모두가 원초적 신화의 시간을 만끽함으로써 다시 태어납니다. 온갖 번민, 잡다한 스트레스를 해소하고 살아갈 이유를 주는 것이죠. 신화의 시간은 지극히 세속적이에요. 살아 있는 사람에게 힘을 주는 일이니까요.

　　　　현대의 정신의학과 전문의는 번민과 스트레스를 약으로 풀어 주죠. 하지만 신화의 시간에서는 시작으로 돌아가서 탄생 에너지로 그 한을 풀어 줍니다. 죽은 자의 한을 풀어 준다는 무속 신앙의 발상도 사실은 죽은 자에게 가지고 있던 산 사람의 죄책감과 그에 따른 우울을 해소해서 살아갈 힘을 주기 위해서죠.

그런데 마르크스주의나 기독교는 모두 시작에서 끝으로 치닫는, 불가역적인 근대적 시간관을 공유하고 있어요. 기독교에서 신이 빛을 외쳤던 창조의 순간은 성경의 문구로만 존재하지, 아무런 역할을 하지 못합니다. 대신 마르크스주의는 공산주의 유토피아의 도래로, 기독교는 천년왕국의 도래로 가는 단선적이고 불가역적인 시간관을 말합니다.

강양구   근대 이후 서구가 패권을 잡고 그에 따라 기독교가 전 세계에서 득세한 영향도 있을 텐데, 21세기 우리가 신화의 시간을 체험할 기회가 있나요?

이권우   없어요.

이명현   종교나 샤먼이 작동했던 건 우리의 전통 문화유산일 뿐이죠. 지금에 와서는 그 종교나 샤먼이 했던 일을 생리학적으로 재현하는 일을 해야 하지 않을까요? 이 시점에 종교나 샤먼을 살리는 일은 가능하지도 않을뿐더러

말도 안 되고요. 나는 신화의 시간을 다른 식으로 흉내 내야 한다고 생각해요.

강양구   비슷한 고민을 했던 사람이 《멋진 신세계》를 쓴 올더스 헉슬리죠. 말년에 헉슬리는 환각제의 일종인 LSD에 빠졌어요. 그가 LSD에 집착했던 이유가 그 신화의 시간을 경험하는 방법 아니었을까요?

김상욱   실제로 종교 초기 단계에서도 약물이 등장하잖아요?

이권우   남방 샤머니즘은 마약 성분이 들어 있는 식물을 흡입하고 접신했죠. 북방 샤머니즘은 약물이 아니라 신명을 통해서 영접했고요.

김상욱   사실 마약 같은 게 아니었으면 농경사회에서 그 스트레스를 어떻게 해소했을까 싶기도 해요.

강양구   그럼 지금 시점에서 우리가 신화의 시간을 체험할 방법은 두 가지밖에 없는 건가요? 약 아니면 춤?

이명현   대학생 때 관심이 있어서 굿을 보러 간 적이 있는데, 소리가 너무 커서 혼이 나가 버릴 것 같았어요. 옆에서 보기에 그 분위기가 엑스터시가 생길 수밖에 없더라고요. 그냥 나를 괴롭히는 게 무엇인지 무당과 그곳에 있는 사람 앞에서 순순히 실토할 수밖에 없는 분위기? 하지만 우리가 그 메커니즘을 안다면 다른 방법을 쓸 수가 있겠죠. 종교나 샤머니즘과는 이별하고 말이에요.

이권우   아닙니다. 신화의 시간은 카오스chaos의 시작이에요. 카오스가 있어야 코스모스cosmos가 가능하죠. 혼돈에서 질서로. 그런데 그 질서가 유지되지 않고 훼손되면 다시 카오스로 돌아가는 일이 불가피합니다. 다시 카오스로 돌아가서 코스모스로 재생이 되어야죠. 현대는 그런 순환을 가로막아요.

   화폐나 마약은 단지 코스모스가 훼손된 본질적 상태는 그대로 두고서 카오스가 도래한 것처럼 흉내만 내게 하는 거죠. 실제로는 지금 훼손된 코스모스를 근본적으로 치유할 카오스의 에너지를 구현하지 못한 상태에서 개인 차원에서 자족적으로 일시적 충족감을 주는 것뿐이에요. 휴가, 클럽, 마약 이런 건 신화의 시간에서 얻을 수 있는 탄생 에너지를 줄 수 없어요.

강양구　　그럼 어떻게 해야 하죠? 그리고 사실 종교나 샤머니즘도 훼손된 코스모스, 다시 말하면 사회 공동체의 심각한 문제를 근본적으로 치유하기보다는 눈 가리는 역할을 했던 건 똑같지 않나요?

이권우　　그건 종교나 샤머니즘이 신화의 시간, 그러니까 탄생 에너지를 부르는 힘이 훼손된 후의 일이죠. 종교나 샤머니즘이 가진 혁명성을 기득권은 끊임없이 거세하려고 했으니까요. 권력에 포섭된 종교나 샤머니즘이 그 증거고요. 내가 강조하고 싶은 대목은, 자본주의 사회에서 신화의 시간을 경험하는 일이 아예 불가능해졌다는 사실이에요.

이정모　　나는 이권우 선생님께서 신화의 시간의 부재를 안타까워하는 대목이 유토피아에 대한 꿈이 사라진 것으로 들려요. 인류는 100, 200년 단위로 새로운 세계를 꿈꿨어요. 노예제, 봉건제, 자본주의…. 이렇게 계속해서 역사의 변화가 있었고 그 안에서 인류의 성취가 분명히 있었죠. 그런데 자본주의 이후, 특히 현실 사회주의 몰락 이후에는 그런 비전이 사라졌어요.

김상욱   이정모 선생님의 그 비전도 역시 계몽주의와 과학주의가 우리에게 준 환상일 수도 있어요. 우리 인류가 인간사의 여러 문제를 놓고서 새로운 답을 찾고, 나아가 새로운 사회, 즉 유토피아를 미래에 만들 것이라는 확신 말이에요.

강양구   다시 강조하지만, '세상이 점점 나아지는 방향으로 진행된다' 같은 진보의 시간관이 생긴 게 17세기 이후부터니까요.

이정모   우리는 어차피 근대의 시간관 안에서 살고 있잖아요. 그렇다면 근대인으로서 지금의 세상보다 좀 더 나은 세상을 고민하는 일을 멈추지 못하는 것도 우리의 한계로

서 받아들여야죠. 여전히 근대의 시간관에서 사는데도 우
리가 그 고민을 멈추는 게 문제죠.

우리도 무엇인가를 해야 한다

이권우   여기서 재미있는 이야기 하나 던질까요? 특정한
시간을 역사적 단위로 본 최초의 지식인이 누굴까요? 바
로 맹자(기원전 372~289)예요. 그는 500년 주기로 역사의 변
화가 생기는 것으로 봤어요. 놀랍게도 진화적 세계관도 아
니고 순환적 세계관이에요. 일치일란—治—亂. 일치는 500
년 동안의 평화고, 일란은 500년 동안의 전쟁과 혼란.

사실 맹자의 이런 주장에는 현실에 터를 둔 절실
함이 있었어요. 맹자가 살았던 시대는 전국 시대(기원전 476
년~기원전 221년)잖아요. 전국 시대의 끝자락에 살았어요.
그러니까 자기가 살던 시대까지 500년 이상의 전쟁과 혼
란이 있었죠. 맹자는 전쟁과 혼란의 시기가 이어진 지 500
년이 지났는데 왜 새로운 희망이 보이지 않는지를 평생 고
뇌했어요. 그리고 바로 그 고뇌의 결과가 통일 후 바른 세
상으로 가기 위한 새로운 비전과 정치철학이었죠.

"여전히 근대의 시간관에서 사는데도
우리가 그 고민을 멈추는 게 문제죠."

만약 맹자의 세계관이 성공했다면 중국, 나아가 동양의 역사는 달라졌을 거예요. 그런데 맹자의 세계관이 실패하고 법가의 세계관이 자리 잡으면서 중국과 동양은 전제 왕권 국가로 갑니다. 나는 지금도 전쟁과 혼란의 시기로 봅니다. 새삼, 맹자의 비전과 정치철학이 중요하다고 보는 것도 이 때문이죠.

강양구 　이권우 선생님의 맹자 강의는 들으면 들을수록 흥미진진하네요.

이권우 　놀라운 이야기 하나 더 할까요? 세계체제 이론을 이야기한 미국의 유명한 사회학자 이매뉴얼 월러스틴 Immanuel Wallerstein(1930~2019)이 있습니다. 프랑스 역사학계 아날학파의 영향을 받아서 고안한 게 바로 세계체제 이론인데요. 세계체제 이론도 500년 단위를 주장해요.

500년 동안은 아무리 문제가 많은 체제라도, 그래서 금세 몰락할 것 같은 체제라도 나름의 회복 탄력성을 보이면서 지속한다는 거예요. 하지만 500년 넘게 지속하기는 결코 쉽지 않을 것이라는 문제의식이죠. 지금 자본주의가 몇 년 정도 되었을까요? 길게 잡아도 1500년대, 16세기에 시작했으니 딱 500년 정도가 지난 시점이에요.

그러니까 자본주의를 전국 시대에 비유하면 지금이 딱 맹자가 살았던 때랑 비슷한 겁니다. 월러스틴이 《유토피스틱스》(창비, 1999) 같은 책에서 자본주의를 대신할 새로운 체제가 나타나야 한다고 주장한 것도 이 때문이죠.

강양구   그 500년 단위가 얼마나 신빙성이 있는 시간 단위인지는 의심스럽네요. (웃음)

이권우   맞아요. 중요한 것은 지금 자본주의가 영원하다고 보지 않고, 이 자본주의도 역사적 체제일 뿐이라는 한계를 인식하고 나아가서 이후 미래 사회를 꿈꾸고 준비할 필요성을 강조하는 점이죠. 마치 전국 시대 말기에 맹자가 그 이후의 세계에 대한 비전과 정치철학을 준비했듯이, 우리도 무엇인가를 해야 해요.

강양구   맹자와 월러스틴 사이에 결정적인 차이점이 있어요. 대체로 전근대에서는 순환론이 우세했어요. 맹자도

'나빠지면 다시 좋아진다'와 같은 식으로 생각했죠. 그런데 월러스틴은 달랐습니다. '500년 정도가 지나면 지금의 자본주의는 망한다. 하지만 자본주의 이후의 새로운 500년이 희망의 시대일지 야만의 시대일지는 보장할 수 없다'고 생각했어요. 순환론이 깨진 거죠.

그러면서 월러스틴은 지금의 자본주의 500년보다 더 나은 유토피아 500년을 이야기합니다. 자본주의 이후 시대가 희망일지 야만일지는 모르겠지만, 그래도 전자면 좋겠다는 바람이 있는 거고 그 대목에서는 계몽주의 나아가 마르크스주의의 진보적 역사관에 살짝 기대고 있어요.

사실 월러스틴보다 더 이런 진보적 역사관에 기대는 이들이 바로 아까 잠깐 언급했던 스티븐 핑커 같은 신계몽주의자예요. 이들은 마르크스주의와는 정말 거리가 멀 텐데, 진보적 역사관은 똑같이 공유합니다. 그런데 바츨라프 스밀처럼 에너지, 환경을 중요한 변수로 여기고 고민하는 역사학자는 이런 신계몽주의의 문제의식에 코웃음을 치더라고요.

스밀은 1943년생인 자기도 살 만큼 오래 살았

고, 또 역사학자로서 인간사를 들여다봤는데 항상 좋은 방향으로 가는 역사 따위는 세상에 없었다고 말합니다. 인간의 수많은 시행착오가 다종다양한 인간사를 빚어내고, 그 과정에서 좋은 일만큼이나 나쁜 일도 반복된다는 거예요. 지금까지 인류가 이룩한 성취에 너무 취해서는 낭패를 볼 수 있다는 경고죠.

김상욱　　우리는 이제 더 나아진다는 게 뭔지, 이 질문에서부터 지금 답해야 할 때인 것 같아요. 가볍게 물어볼까요. 평균 수명이 늘어난 건 한 종의 처지에서는 나아진 건가요?

이정모　　그럼, 당연하죠.

이명현　　방금 김상욱 선생님께서도 근본적인 질문을 던지셨는데요. 지금까지 역사에서 우리가 배운 건 태도의 문제라고 생각해요. 하지 말아야 할 것들이 있죠. 마치 역사의 종착점이 있는 것처럼 목적을 정해서, 그것을 향해서 달리는 것. 그런 역사의 종착점 따위는 없다는 걸 인식해야 합니다.

우리가 할 수 있는 최선은 한 걸음도 아니고 반 걸음 정도의 미래를 가늠해 보고, 또 자기가 생각하는 그 반걸음 정도의 미래가 최선이라고 우기지 않고 서로 토론하고 견줘 보는 일이죠. 나아가 지금까지 인류의 행복에 긍정적이었던 가치, 제도, 도구를 최대한 활용하면서 하나씩 현실로 만들어 가고요.

이권우　맹자도 최대주의가 아니라 최소주의를 추구하는 지혜를 설파했어요. 환과고독鰥寡孤獨(홀아비, 홀어미, 고아, 독거노인), 그들의 삶이 기본적으로 보장되는 사회야말로 살 만하다고 말이지요.

김상욱　솔직히 말하면 지난 100년간 과연 세계, 나아가 한국 사회가 나아졌는지에 대한 토론이 중요하다고 생각해요. 핑커 같은 지식인은 확실히 나아졌다고 주장하죠. 물론 어느 정도 그런 견해에 동의합니다. 하지만 과연 이 방향이 괜찮은지, 앞으로도 계속 지금까지 해 온 대로만 하면 문제가 없는지는 따져 봐야 해요.

"역사의 종착점 따위는
없다는 걸
인식해야 합니다."

강양구　　지금을 만들어 온 가장 중요한 동력 두 가지는 과학기술과 시장이잖아요. 여전히 그 둘을 통해서 더 나은 미래를 도모할 수 있다는 게 지금 주류의 목소리죠. 그런데 점점 그런 시선에 회의적인 사람이 늘어나는 것이 지금 한국뿐만 아니라 전 세계의 심각한 문제인 것 같아요. 그게 바로 우리가 보는 민주주의의 위기고요.

이권우　　특정한 집단이 한 사회 공동체가 만든 성과를 누리는 걸 맹자는 극도로 혐오했어요. 그게 바로 독락獨樂입니다. 환과고독을 보살피는 사회, 그리하여 여민동락與民同樂하는 세상. 나는 이 정도만 되어도 훌륭하다고 봐요.

이명현　　그게 바로 현대 복지국가의 이상이잖아요.

이권우　　맹자는 그런 현대 복지국가의 이상을 전국 시대에 얘기했던 사상가예요. 나는 그런 복지국가에 덧붙여서 정신적으로 여유 있는 그런 사회가 되었으면 좋겠어요. 그러려면 앞에서 강조했던 신화의 시간이 회복되어야 해요. 불평등 구조의 해소와 복지국가 그리고 신화의 시간의 복원.

이 셋이 함께 가야 근대의 병폐를 우리가 극복할 수 있어요.

김상욱　　신화의 시간의 회복은 아무리 생각해 봐도 감이 안 잡혀요. 이권우 선생님 말씀처럼 종교가 그런 역할을 할 수 없는 시대에.

이명현　　그러니까 현대에는 약물이 그런 역할을 할 수밖에 없다니까요.

이권우　　약물은 아니라니까. (웃음)

미래의 작품을 베낄 수 있는 일의 가능성

강양구　　그럼 문학은 어때요? (웃음) 이제 문학의 시간을 짧게 얘기해 볼게요.

　　　　　　많은 독자가 좋아하는 한국 작가 최은영의 《밝은 밤》(문학동네, 2021)에는 시간에 대한 상반된 견해가 등장합니다. 하나는 시간을 흐르는 강물이라 보는 견해이고, 다른 하나는 얼어붙은 강물이라 보는 견해죠. '흐르는 강물'이란 시간이 과거로부터 현재, 미래로 흘러간다는, 우리가 앞에서 살펴본 일반적인 시각이죠.

　　한편 '얼어붙은 강물'로 보는 견해는 시간은 환상일 뿐이며, 과거와 현재와 미래는 동시에 존재한다고 말해요. 운명은 정해져 있고 일어날 일은 일어나게 되어 있다는 주장이죠. 흥미롭게도 2년의 시차를 두고 나온 소설가 최진영의 단편 〈홈 스위트 홈〉(제46회 이상문학상 작품집, 문학사상, 2023)에도 이런 구절이 등장하더라고요.

　　　"이제 나는 시간을 이전과 다른 방식으로 해석하므로 말이 안 되는 일도 가능하다고 믿는 편이다. 미래를 기억할 수 있을까? 육체의 눈과는 차원이 다른 정신의 눈이 있어 미래를 보고 기억할 수도 있지 않을까? 나는 인생이 한 방향으로만, 그러니까 책장을 넘기듯 오른쪽에서 왼쪽으로, 현재에서 미래로만 흐른다는 생각을 버렸다. (…) 시간은 발산한다. 과거는 사라지고 현재는 여기 있고 미래는 아직 오지 않은 것이 아니라, 하나의 무언가가 폭발하여 사방으로 무한히 퍼져나가

는 것처럼 멀리 떨어진 채로 공존한다. 과거는 사
라지지 않는다. 기억하거나 기억하지 못할 뿐. 미
래는 어딘가에 있다. 쉽사리 볼 수 없는 머나먼 곳
에." (14~15쪽)

어떤가요? 앞에서 살펴본 '흐르는 시간'에 대한
비유가 적어도 문학에서는 바뀌고 있는 것 같은데요?

이명현　몇 년 전에 강양구 기자와 피에르 바야르의 《예
상 표절》(여름언덕, 2010)을 놓고서 이야기했던 일이 생각나
네요. 흔히 표절은 과거에 있었던 작품을 참고하거나 베끼
는 일이잖아요. 그런데 바야르는 모파상이 최은영을 표절
하는 일, 즉 '미래의 작품을 참고하거나 베끼는 일이 가능
하지 않을까' 하고 가정해 봅니다.

사실 이건 일종의 작품을 읽는 비평 전략이에요.
오늘의 시점을 염두에 두고서 과거의 작품을 입체적으로
보자는 이야기입니다. 미래의 작품을 과거의 작품이 참고
하거나 베꼈다는 접근까지 해 보면서요. 그럼 과거의 작품
을 그것이 나왔을 때의 맥락에서만 읽을 때와 다르게 해석

할 수 있는 여지가 넓어지겠죠.

　　　나는 이런 접근도 문학의 세계에서 과거-현재-미래가 한꺼번에 펼쳐질 수 있는 가능성을 보여 주는 한 가지 사례라고 생각해요. 비유하자면, 테드 창이 쓴 단편 〈네 인생의 이야기〉에 등장한 외계 문명 '헵타포드'가 바라보는 시간관이 점점 세력을 넓히고 있다고 봐야죠. (웃음)

김상욱　　〈네 인생의 이야기〉는 드뇌 발뇌브 감독의 영화 〈컨택트Arrival〉(2015)의 원작이기도 한데요. 사실 이 소설은 물리학자가 세상을 이해하는 두 가지 방식 가운데 하나를 헵타포드 문명의 것으로 절묘하게 변주한 겁니다. 그래서 물리학자라면 이 소설과 영화에 열광할 수밖에 없죠. (웃음)

　　　물리학자가 세상을 이해하는 방식에는 아이작 뉴턴(1642~1727)의 방식과 윌리엄 해밀턴(1805~1865)의 방식이 있어요. 둘이 다릅니다. 뉴턴의 방식은 우리에게 익숙한 원인과 결과를 따지는 접근이에요. 물체가 움직이는 이유는 그것에 힘이 가해졌기 때문이죠. 이때 뉴턴은 시간을 촘촘히 쪼개서 힘이 가해진 물체의 운동이 어떻게 변화했는지를 추적합니다.

뉴턴은 그 변화를 연장하면 미래에 운동이 어떻게 일어날지 그 결과를 예측할 수 있다고 봅니다. 익숙한 원인이 있으면 결과가 있다는 인과론적 세계관이죠.

해밀턴의 방식은 달라요. 예를 들어 물체를 위에서 아래로 떨어뜨리면 낙하합니다. 해밀턴은 그 경우의 수가 무한한 것으로 봐요. 여기서 '액션action'이라는 물리량을 도입하는데요. 수많은 낙하의 경우의 수 가운데 실제로 일어나는 일은 액션이 최소화하는 경로를 따라요.

여기서 놀라운 점이 있습니다. 신기하게도 모든 경로의 액션 값을 구해서 가장 작은 값, 그러니까 실제로 운동이 일어나는 결과는 뉴턴의 방식과 똑같이 나옵니다. 결과는 같아요. 다만 해밀턴은 뉴턴과 다르게 목적론적 방식이죠. '자연은 액션이 최소가 되도록 운동하는 방식을 따른다', 마치 결과가 정해져 있는 것처럼이요.

강양구　그게 시간과는 어떤 관계가 있나요?

김상욱　　두 가지 방식이 아주 달라요. 뉴턴은 미분, 해밀턴은 적분이라고 이야기하면 많은 독자는 얼른 감이 안 오겠죠. (웃음) 뉴턴의 방식에서는 과거나 미래는 몰라도 됩니다. 현재만 알면 충분해요. 반면에 해밀턴 방식은 일단 모든 경로의 가능한 수를 알아야 합니다. 과거뿐만 아니라 미래에 일어날 일까지도요. 그래야 최솟값으로 결정할 수 있으니까요.

　　　　테드 창이 해밀턴 방식을 헵타포드로 변주한 것도 이 대목이에요. 앞에서도 길게 얘기했듯이 우리는 항상 현재만 살기 때문에 뉴턴처럼 생각하고 행동하죠. 하지만 헵타포드는 과거, 현재, 미래를 알아서 결정합니다. 우리는 여러 변수가 개입되어서 일어날 미래를 예측하지 못해요. 하지만 그 모든 걸 계산해서 가장 일어날 가능성이 큰 미래를 예측할 수 있다면?

　　　　그럼 여기서 시간과 관계된 아주 문학적인 질문을 던질 수 있죠. 미래를 알고 있는 사람이 현재를 산다는 건 무슨 의미일까? 영화 〈컨택트〉도 원작처럼 같은 질문을 던집니다. 주인공(에이미 애덤스)은 딸이 죽는 미래를 보면서 딸을 낳아야 할지 고민합니다. 하지만 결국 낳아요. 여운

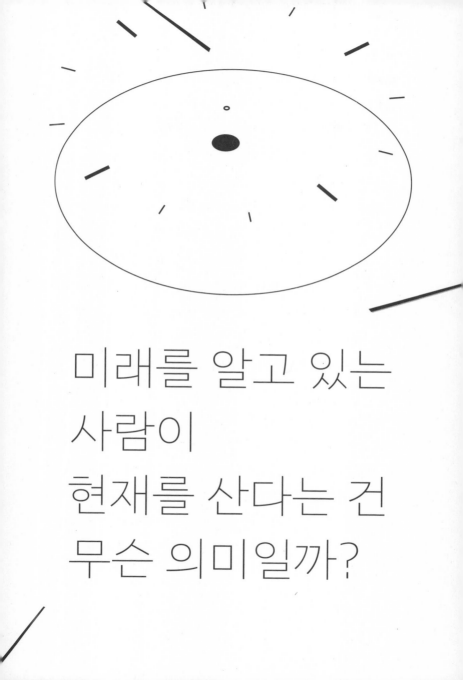

미래를 알고 있는
사람이
현재를 산다는 건
무슨 의미일까?

이 남는 대사가 있는데, 이렇죠. "넌 미래를 아는데 지구에 왜 왔어?"

헵타포드는 답합니다. "미래가 정해진 건 맞아. 우리는 다 알아. 그런데 우리가 행동해야 그 미래가 오는 거야."

이명현　나는 흐르는 시간과는 다른 시간관을 최은영, 최진영 같은 한국 작가들이 먼저 제시한 게 반가워요.

김상욱　이왕 얘기가 나왔으니 하나만 덧붙이자면, 뉴턴 방식과 해밀턴 방식은 의식에 대한 두 가지 다른 접근과도 연결이 됩니다.

보통의 컴퓨터는 수학자 앨런 튜링이 1936년에 제안한 '튜링 머신'에서 기원해요. 튜링 머신이 바로 뉴턴 방식입니다. 이 순간의 비트(정보)가 다음 비트(정보)를 결정하는 거예요. 그런데 인간의 뇌나 혹은 그것을 흉내 낸 AI는 목표를 정해 놓고, 그 목표에 도달하기 위한 수많은 경로를 살펴본 다음에 최적의 경로를 찾아요. 해밀턴 방식이죠.

이렇게 뉴턴의 방식과 해밀턴 방식이 우주에 모두 존재해요. 흥미롭게도 해밀턴 방식은 마치 목적이 있는 것처럼 보여요. 우리가 목적 없는 우주에서 종종 목적을 찾아내는 것처럼 생각하는 이유도 이 때문이죠. 인간이 목적에 집착하다 보니까 벌어지는 일이라고 할 수 있어요.

강양구　'나이가 들면 시간은 빨리 가는가'에서부터 '마약'과 '헵타포드'까지 달려왔네요.

이권우　시간에 장사가 없다잖아요. 낡아서 점차 소멸해 가는 우리의 시간을 생각할 수 있어서 좋았습니다. 마지막으로, 이 책을 읽는 독자에게 한마디만 하고 싶어요. 살아 보니, 과거에 연연하는 것만큼이나 바보 같은 일이 없더라고요. 아픔과 상처, 아쉬움과 머뭇거림, 이 모든 걸 잊고서 지금, 오늘에 집중했으면 좋겠어요.

이정모　지금을 좀 더 즐기기 위해서라도 인류의 시간을 지켜야죠. 우리보다 다음 세대가 좀 더 낫기를 기대합니다.

강양구　환과고독을 챙기는 사회를 만들어야죠. (웃음)

이명현

'아토초 펄스 광'을 포착하는 방법을 만든 물리학자 3명에게 노벨 물리학상이 수여되는 세상이다. 그런데도 '시간'만큼 실감 나지 않는 것도 없어 보인다. 공간은 그래도 감각하기 쉬워 보이는데 시간은 영 느끼기가 힘들다.

　　　시간에 대해서 처음으로 구체적으로 이야기한 사람은 알베르트 아인슈타인이다. 어쩌면 시간이라는 문제에 대해 그나마 실감 나게 정량적으로 다룬 첫 번째이자 아직은 (다른 의견이 있겠지만) 유일한 사람이라고 나는 생각한다.

　　　빛의 속도는 유한하다. 또 한 지점에서 다른 지점으로 이동하려면 아무리 빨리 움직여도 빛의 속도를 넘을 수 없다. 즉 일정한 시간이 걸린다. '동시'에 두 장소의 시간을 측정해 비교하면서 동시라는 순간이 존재한다는 것을 직접 확인할 방법은 없다. 동시라는 개념은 관념 속의 용어일 뿐 현실에서는 확인할 수 없는 것이다.

시간을 정량적으로 가늠하는 방식은 시간 간격을 재는 것이다. 아인슈타인의 상대성 이론에 따르면 시간 간격은 물리적 상황에 따라 달라진다. 특수상대성 이론에 따르면 등속으로 움직이면 정지해 있을 때보다 시간 간격이 커진다. 속도가 크면 클수록 시간 간격도 커진다. 정지해 있을 때의 1초라는 시간 간격이 '똑딱' 하는 동안의 크기를 갖는다면, 움직이면 1초라는 시간 간격은 '똑~~딱'이 된다. 1초의 크기가 속도에 따라서 변한다는 것이다. 다시 말하면 시간이 천천히 흐른다는 뜻이다.

얼마나 천천히 시간이 흐르는지는 아인슈타인이 제시한 방정식을 사용하면 간단하고 정확하게 계산할 수 있다. 움직이는 속도가 빛의 속도에 이르면 시간 간격은 무한대가 된다. '똑' 하고 시작은 하는데 '딱' 하고 마무리되는 것이 없다는 말이다. 즉 시간 간격이 무한대가 된다. 이 지점에 이르면 시간이라는 개념은 소멸된다. 일반상대성 이론에 따르면 중력이 강하면 강할수록 시간 간격이 더 크게 늘어난다. 즉 중력이 강한 곳에서 시간이 상대적으로 천천히 흐른다. 얼마나 천천히 흐르는지는 아인슈타인이 제시한 방정식을 사용하면 정확하게 계산할 수 있다.

아인슈타인의 특수상대성 이론과 일반상대성 이론이 발표된 지 100년이 훌쩍 지났다. 그동안 상대성 이론에 대한 수많은 검증이 이루어졌지만, 아직 그의 이론이 틀렸다는 관측적 증거는 없다. 물리적 상황에 따른 시간 간격의 변화도 예측에서 어긋남 없이 관측되고 있다.

시간과 위치를 알려 주는 GPS 기기에도 상대성 이론에 따른 시간 간격의 변화를 보정하는 식이 들어 있다. 내비게이션에 쓰이는 정보를 제공해 주는 GPS 인공위성은 지구 표면에서 한참 떨어진 우주 공간에 떠 있는데, 지구 표면에 비해 중력이 상대적으로 약한 곳에 위치하고 있어 지구 표면에서보다 시간이 빨리 흐른다. 그런데 속도가 빠르기 때문에 시간이 천천히 흐른다. 이 경우 보통 속도의 효과가 중력의 효과보다 커서 GPS 인공위성에서의 시간은 지구 표면에서의 시간에 비해 상대적으로 천천히 흐른다. 따라서 두 효과를 동시에 고려해야만 지구 표면에서 내비게이션 역할을 할 수 있다. 이처럼 시간 간격이 물리적 상황에 따라서 변하는 것은 일상에서 적용되는 실제 상황이다.

우주 속의 모든 것은 각자의 물리적 상황에 놓여 있다. 좀 비약을 하자면 우주 속의 모든 것은 각자 다른 시간의 흐름 속에서 존재한다고 할 수 있다. SF 소설이나 영화에서 자주 나오는 설정인데 같은 나이의 두 사람이 있다고 해 보자. 한 사람은 지구에 남고 한 사람은 우주선을 타고 우주여행을 하는 상황을 생각해 보자. 속도가 빠른 우주선을 타고 여행을 하는 사람의 시간은 속도의 영향 때문에 지구에 남은 사람의 시간에 비해서 상대적으로 천천히 흐를 것이다. 그런데 중력의 영향을 덜 받기 때문에 시간은 빨리 흐를 것이다. 이때 우주선을 타고 여행하는 사람의 입장에서는 지구 표면의 중력이 크지 않기 때문에 속도의 영향이 더 클 것이다. 만약 영화 〈인터스텔라〉의 상황처럼 블랙홀 주위를 돌고 있는 중력이 강한 행성에라도 다녀온다면 그 중력의 영향으로 우주선을 타고 여행하는 사람의 시간은 더 천천히 흐를 것이다. 따라서 우주여행을 끝내고 지구로 돌아왔을 때 우주여행을 하고 돌아온 사람에 비해서 지구에 남아 있던 사람이 더 나이가 들어 있을 것이다. 〈인터스텔라〉에서처럼 나이가 역전된 딸과 아버지의 만남이 실제로 일어날 수 있다. 물론 빛의 속도에 가까운 속도와 블랙홀 근처 같은 강한 중력장이라는 환경이 있어야만 이런 극적인 효과가 나타난다.

시간은 미래로만 흐른다. 최소한 우리는 그렇게 인식하고 있다. 시간의 흐름이 한 방향으로만 흐른다는 것을 엔트로피의 증가 현상으로 설명하려는 시도가 있다. 현재로서는 가장 그럴듯해 보인다. 이 정도까지가 그나마 실감 나게 시간에 대해서 과학적으로 설명할 수 있는 범위인 것 같다. 시간에 대한 더 근원적이고 복잡한 탐구가 있지만, 아인슈타인의 설명만큼 만족스러운 것은 아직 없는 것 같다.

내가 시간을 실감하면서 즐기는 방식이 있다. 별을 보는 것이다. 앞서 잠깐 살펴본 것처럼 우리가 살고 있는 세계에서 빛의 속도는 넘을 수 없는 장벽이다. 빛보다 빨리 정보를 전달할 수 있는 것이 없다. 빛의 속도가 한계치인 것이다. 빛의 속도가 아무리 빠르다고 하더라도 우주 공간이 너무 넓기 때문에 우주에서는 빛의 속도로 달려도 시간이 한참 흐르기 마련이다. 달까지는 1.3초 정도, 태양까지 가려면 빛의 속도로 8분 20초 정도 달려야 한다.

　　　빛이 1초 동안 움직인 거리를 1광초라고 하므로, 달까지의 거리는 1.3광초이다. 빛이 1분 동안 달린 거리는 1광분이므로, 태양까지의 거리는 8광분이 조금 넘는다. 천체들 사이의 거리를 표시할 때는 빛이 1년 동안 달려야 다다를 수 있는 거리인 1광년을 많이 사용한다. 태양계에서 가장 가까운 다른 태양계까지의 거리는 4광년 정도 된다. 우주 공간에서는 이렇듯

'시간이 곧 거리'라는 등식이 성립된다.

밤하늘의 별을 바라보고 있을 때 나는 시간을 실감하곤 한다. 어떤 별은 10광년 거리에 있고 또 어떤 별은 50광년 거리에 있을 것이다. 또 다른 별은 또 다른 거리만큼 떨어져 있을 것이다. 10광년 떨어져 있는 별에서 10년 전에 출발한 빛은 우주 공간을 여행한 후 이제 내 눈에 다다랐을 것이다. 50광년 떨어진 곳에 있는 별로부터 50년 전에 출발한 빛은 지금 나에게 도달했다. 내가 보고 있는 달은 1.3초 전의 달이고 내가 보고 있는 태양은 8분 20초 전의 태양이다. 하늘은 온통 과거의 흔적으로 가득 차 있다. 각기 다른 과거의 시간으로부터 출발한 빛이 나에게 도달하는 체험을 나는 매일 하면서 산다.

빛의 속도가 유한해서 우리가 보는 별들이 제각기 다른 과거의 시간으로부터 와서 우리에게 도달하는 것은 천문학자들에게는 행운이다. 우주의 시간 흐름에 비하면 인간의 삶의 시간은 너무나 짧다. 이런 짧은 시간 동안 우주를 연구하고 이해한다는 것은 사실 말도 되지 않는다. 그나마 천문학이라는 학문이 존재할 수 있고 천문학자들이 우주를 연구할 수 있는 것은 천체들이 각기 다른 과거로부터 출발한 빛으로 지구에 다다르기 때문이다. 인간은 우주의 긴 시간을 함께할 수 없지만, 이 순간 하늘에 널려 있는 천체들의 각기 다른 과거 모습을 보면서 연구를 할 수 있다.

1억 광년 떨어진 은하는 1억 년 전 과거의 은하의 모습을 보여 준다. 10억 광년 떨어져 있는 은하는 그 시간만큼의 과거의 모습을 보여 준다. 은하의 일생 전체를 함께하면서 살펴볼 수는 없지만 비슷한 종류의 은하가 각기 다른 거리에 떨어져 있으면서 각기 다른 과거의 모습을 보여 주는 덕분에 천문학자들은 은하의 일생 전체를 다 보면서 이해할 수 있게 되었다.

밤하늘은 어쩌면 별들의, 은하들의 화석들로 가득한지도 모르겠다. 가끔 누워서 밤하늘을 바라보곤 한다. 온통 과거의 흔적으로 가득한 밤하늘을 볼 때면 나는 '시간'을 만끽한다. 각기 다른 시공간 속에 존재하는 숱한 천체들이 한순간 내 눈에 맺히고 뇌에 전달되어서 내가 이런 생각을 하게 되는 현실이야말로 시간을 실감하는 것이 아니고 무엇이겠는가.

우리 은하에서 가장 가까운 큰 은하 중에 안드로메다은하가 있다. 어두운 곳에서 흐릿하지만 윤곽을 확인할 수 있는 안드로메다은하를 맨눈으로 보는 경이로움이 있다. 250만 년 전에 이 은하에서 출발한 빛을 이제 내 눈으로 보고 있다는 생각을 하면 시간의 흐름과 공간의 광활함에 압도되는 느낌을 받곤 한다.

　　　　눈으로 직접 보는 재미도 있지만 안드로메다은하의 사진을 보고 있으면 나는 더 큰 감흥에 붙잡히곤 한다. 평면에 찍힌 안드로메다 사진이 있다고 하자. 이 은하까지의 거리가 약 250만 광년이니 안드로메다은하로부터 250만 년 전에 출발한 빛이 우주 공간을 가로질러서 한 장의 사진으로 포착된 것이다.

　　　　가만히 생각해 보면 재미있고 묘한 감흥을 얻을 수 있다. 안드로메다의 반지름은 10만 광년을 훌쩍 넘는다. 이 은하는 우주 공간 속에 어느 정도 기울어 있기도 하다. 안드로메다은하의 중심부까지의 거리와 기울어진 앞쪽 면과 뒤쪽 면 사이에는 몇만 광년의 거리 차이가 있을 것이다. 그렇다면 우리가 한 장의 사진으로 보고 있는 안드로메다은하의 모습은 사실은 각기 다른 시간대에서 출발한 빛들의 집합인 셈이다. 우리는 이 한 장의 사진 속에서도 각기 다른 과거의 빛들을 한 평면에서 보고 있는 것이다.

사실 우리가 보는 모든 것들은 과거의 흔적이다. 가까운 거리에 있는 사람의 모습도 마찬가지다. 그 차이가 너무 작기 때문에 우리가 인지하지 못할 뿐이다. 나는 별을 보면서 시간을 실감한다.

사람을 볼 때도 때로는 그런 생각이 들곤 한다. 우리는 각기 다른 시간대를 여행하는 시간 여행자가 아닐까 하는 생각이 들곤 한다. 서로의 과거 흔적을 통해서만 인지할 수 있는 시공간의 오묘함이 벅차게 다가오곤 한다. 나는 시간을 떠올릴 때마다 별을 보거나 별을 보는 상상을 한다. 그러면서 또 다른 시간 여행을 한다. 별을 보고 시간을 느껴 보자.

기획의 변: 강양구가 바라본 삼이三李

이명현

2010년 11월의 어느 날이었다. 무심코 전화를 받았는데 낯선 목소리의 여성이었다. "이명현의 처 되는 사람이에요." 자세를 곧추세우고 인사를 드렸다. "어젯밤에 심근 경색으로 쓰러져서 지금 병원에 있어요. 다행히 응급 처치를 받아서 괜찮아요. 깨자마자 강 기자한테 전화하라고 해서 이렇게 연락해요."

운이 좋게도 나는 그 시점까지 한 번도 가족을 포함해 사랑하는 사람을 떠나보낸 적이 없었다. 놀란 마음에 안도의 한숨을 내쉬었다. 그러고 나서 내가 이명현을 얼마나 특별하게 생각하는지 다시 한번 깨달았다. 철들고 나서 이렇게 각별한 평생의 인연을 만날 줄은 상상도 못 했었다. 그래, 인연의 시작은 이명현이었다.

내게 이명현은 선생님이다. 대학교 마지막 학기, 진로 고민을 어깨에 얹고서 졸업 학점을 조금이라도 높일 수 있는 교양 과목을 찾는 중이었다. '독서와 토론'. 책 읽기도 좋아하고 말하기도 좋아하는 나에게 맞춤한 과목이라는 생각이 들었다. 여러 분야의 개설 과목 가운데 이명현이라는 젊은 강사가 진행하는 과학 쪽이 만만해 보였다.

오판이었다. 취업 준비를 하는 와중에 매주 한 권 과학책을 읽고서 서평을 제출하는 일은 곤욕이었다. 하지만 〈코스모스〉를 촬영할 때의 칼 세이건과 닮은 (30대 후반이었던) 이명현의 시크한 매력을 마주하는 일은 즐거운 일이었다. 토론 과정을 지켜보다 던지는 날카로운 한두 마디가 오랫동안 여운을 남겼다. 즐거운 수업이었고, 기억하고 싶은 선생님이었다.

그러고 나서 첫 직장으로 선택한 과학 전문 출판사에서 초짜 편집자로 좌충우돌할 때, 이 시크한 선생님 생각이 났다. 좋은 과학책을 기획하고 싶다고 이메일을 보냈더니, 그는 국내에 나왔으면 싶은 여러 천문학 책의 목록으로 답했다. 비록 편집자에서 기자로 전업하는 바람에 그 목록은 쓸모없게 되었지만, 그와의 사적인 인연이 그렇게 시작되었다.

당시 이명현은 한국에서 가장 뛰어난 전파 천문학자였다. 아직 전파 천문학이 학계에 자리를 잡지 못하던 국내 상황 때문에, 좀 더 노골적으로 말하면 다른 학자의 텃세 때문에 유학을 다녀와서 대학에 자리를 잡지 못했다. 하지만 그는 꿋꿋이 모교에서 비정규직 교수로 전파 천문학자 제자를 키웠고, 도심의 대학 한복판에 전파 천문대를 세웠다.

이명현은 자신의 연구 내용을 시민과 공유할 수 있는 남다른 능력이 있었다. 이런 능력의 기원은 청소년 때부터 별과 시를 통해서 벼른 남다른 감수성이었으리라. 그는 10대에 아마추어 천문학 동아리의 핵심 멤버로 별을 연구하는 과학자로서의 수련을 시작했고, 고등학교 문예반 활동 등을 통해서 시인-에세이스트로서의 습작을 시작했다.

내게 이명현은 좋은 친구이다. 몇 차례의 만남 이후에 우리는 곧바로 의기투합했다. 나는 별에는 별반 관심이 없었지만, 이명현의 별 이야기는 좋았다. 그리고 둘 다 책을 좋아하고, 술을 좋아하고, 결정적으로 사람을 좋아했다. 그나 나나 남자 사람보다는 여자 사람을 좋아했지만, 띠동갑이 넘는 나이 차(1963년/1977년) 만큼이나 이런 취향 차이도 둘의 친교를 막지 못했다.

이명현은 놀라운 재주가 있다. 그는 어떤 과학 이야기도 시처럼 아름답게 연출하는 타고난 능력이 있다. 고백하자면, 몇몇 글을 읽고서 질투도 느꼈다. 나도 모르게 눈물을 쏟아낸 글들이 그랬다. 새삼 깨달았다. 그의 글이 아름다운 이유는 그가 삶에 무한한 애정을 가졌기 때문이다.

이명현은 누구보다 확실성을 추구하는 과학자지만, 불확실성으로 점철된 삶의 모호성마저도 기꺼이 인정하고 받아들인다. 그는 삶의 여정에서 맺은 수많은 인연에 아낌없이 애정을 쏟을 줄 아는 로맨티시스트다. 오랫동안 그의 사랑을 직접 받아 봐서 안다. 그는 한국뿐만 아니라 전 세계에서도 비슷한 사람을 찾기 힘든, 아름다운 글을 쓸 줄 아는 멋진 작가이자 사람이다.

이정모

이명현과 어울리면서 그와 동갑인 이정모를 만났다. 지행합일知行合一. 생각과 행동이 맞춤한 사람은 되기도 어렵거니와 보기도 힘들다. 그런데 주변에 그런 사람이 있다면 어떨까? 결론부터 말하자면, 피곤하다. 불행하게도 내 주변에는 생각과 행동이 비교적 비슷한 사람이 몇몇 있고. 그 대표를 딱 한 명만 꼽자면 이정모이다(둘을 꼽자면 앞으로 소개할 이권우가 포함된다).

지금은 과학 커뮤니케이터 가운데 세 손가락 안에 드는 유명인이 되었지만, 내가 그를 처음 만났을 때는 상당히 '걱정되는' 선배였다. 독일로 유학까지 다녀왔지만, 과학자로서는

'필수'라고 할 수 있는 박사 학위가 없었다. 속이 꽉 찬, 대중을 위한 과학 책을 펴냈는데 정재승(《과학 콘서트》)이나 이은희(《하리하라의 생물학 카페》) 같은 운이 없어서 TV에 소개가 안 되었다.

박사 학위가 없으니, 대학에 자리를 잡기도 어려워 보였다(그래도 능력이 출중해서 수도권 한 대학에서 이권우와 함께 몇 년간 '교수' 소리를 듣긴 했다). 베스트셀러가 되어도 생계를 꾸리기 어려운 저술가의 삶도 위태로워 보였다. 이제야 하는 말이지만 당시 갓 사회생활을 시작한 나는 이런 걱정도 했다. '아, 딸 둘이 나이도 어린데….'

사정이 그런데 오지랖도 넓었다. '돈, 돈, 돈' 해도 모자랄 판에 가끔 만나면 대안 학교 같은 곳에 가서 과학 강의했던 일을 들려주곤 했다. "대안 학교에 가니까 말이야. 과학과 사회의 관계 같은 것만 중요하게 생각하고 과학 지식을 경시하는 거야. 그건 좀 아니지 않아?" 나는 속으로 이렇게 생각했다. '지금 선배가 대안 학교 걱정할 처지는 아니지 않아?'

그는 또 말 그대로 생활 정치인이었다. 고인이 된 한 대통령의 열성 지지자인 건 알았는데, 선거철이 되니까 말 그대로 정치꾼으로 돌변했다. 특정 정당, 특정 후보의 선거 운동에 발 벗고 나서더니, 2010년 지방 선거 때는 전국 최초로 살던 곳

에서 야당 선거 연합(고양 무지개 연대)을 일궜다. 그때도 속으로 생각했다. '아, 저 오지랖!'

그러던 참에 깜짝 소식이 들렸다. 2011년 "우리나라 최초의 공립 자연사 박물관" 서대문자연사박물관 관장으로 취임한 것이다. 아니나 다를까, 그는 서대문자연사박물관을 시끌벅적한 곳으로 만들어 놓더니, 2017년 5월 17일 서울시 노원구에 개관한 서울시립과학관 초대 관장이 되면서 왁자지껄한 실험을 계속 이어 갔다.

천직이 '과학관장'이 아닌가 싶을 정도로 일을 잘하니 소문이 안 나면 이상하다. 어느 날, '고위 공무원' 신분이 되는 터라서 경쟁이 치열할 대로 치열한 유서 깊은 국립과천과학관장으로 임명되었다는 소식이 들렸다. 그의 경험과 철학을 덧칠한 국립과천과학관이 한 차원 업그레이드되었음은 물론이다 (바이러스 유행만 아니었더라면, 훨씬 빛났을 텐데 아쉽다).

아, 이 이야기도 해야겠다. 이렇게 좌충우돌 살아가는 와중에 동네에서 만난 마음 맞는 이들과 의기투합해서 농업기술센터에서 농사를 배우고 "춘천까지 가서 시험을 봐 '유기농기능사' 자격증도 취득"했다. 그러고 나서, "우리가 먹을 것은 우리가 마련하겠다고" 생태 농업을 실험했다.

그동안 '각종 과학관장'이자 과학 커뮤니케이터 이정모의 존재만 접했더라면, 지금까지의 소개가 조금 낯설 수도 있다. 내가 만난 이정모는 '어울려' 살고 또 '함께' 생각하는 사람이다. '지식'이 아니라 '태도'로서의 과학은 바로 그렇게 어울려 살고 함께 생각하기 위한 접착제이고. 참, 내가 오지랖 넓게 걱정하던 두 딸은 이미 훌쩍 커서 아빠의 자랑거리가 되었다.

이권우

시간순으로만 따지자면 이권우와의 인연이 가장 늦었다. 2006년쯤이었을까. 포항에 본부를 둔 한 국제 과학 기구의 과학 문화팀에서 함께 일해 보자는 연락을 받았다. 본부가 있는 대한민국의 과학 문화 고양을 위해 예산 일부를 쪼개서 과학 문화 사업을 벌이는데 기획위원으로 함께하자는 제안이었다. 그때 이권우가 전화를 걸어서 낭랑한 목소리로 "강 기자 함께하죠" 하면서 참여를 권유했다.

그 기획위원에는 이미 정재승(위원장), 이권우가 참여하고 있었고, 함께하던 물리학자가 건강상의 이유로 물러나면서 내가 참여하게 되었다(그 물리학자가 바로 김상욱이다). 그리고 나중에 정재승, 이권우와 함께 내가 물러나면서 다음으로 그 자리의 바통을 이어받은 과학자가 이명현이다. 이렇게 세상은 돌고 돈다.

사실, 처음에는 긴장했다. 이권우의 '악명'을 이전부터 들었던 터였다. 한 성깔 하는 '도서 평론가'가 있는데 한 번 찍히면 큰일이라는 무서운 경고였다. 사회생활을 5년도 안 한 나로서는 당연히 긴장할 수밖에 없었다. 그런데 직접 만나 본 이 권우는 책과 술을 좋아하는 '좋은' 선배라서 뜻밖에 죽이 잘 맞았다.

사실, 이렇게 죽이 잘 맞은 이유는 따로 있었다. 우리는 '뒷담화'로 통했다. 몇몇 저자와 그들이 쓴 책을 놓고서 이러쿵저러쿵 의견을 교환하기 시작했는데, 좋은 평가와 나쁜 평가가 놀랄 만큼 일치했다. "나는 그이가 쓴 책은 무슨 소리인지 하나도 모르겠던데." "앗, 저도 그렇던데요?" 이러니 죽이 잘 맞을 수밖에. 생각해 보니, 이런 일화도 있었다.

2000년대 후반의 어느 연말, 평소 교류가 뜸했던 번역가 둘과의 친목 모임이었다. 그날 처음 만나는 한 번역가는 나에게 모종의 적대감도 가지고 있는 듯했다. 이런저런 얘기를 나누다, 내가 이권우와 친밀하다고 언급했다. 그 후에 어떻게 되었을까? "정말 이권우 선생님과 친하세요?" 분위기가 좋아졌다.

그는 이권우가 허투루 사람을 사귈 리가 없다고 확신한 것이다.

이권우는 이명현이나 이정모와는 달리 여러 사정으로 대학에서 정식으로 석사 과정이나 박사 과정을 밟지 않았다. 하지만 어쭙잖게 선배를 평가하자면 '학자'로서의 자질은 셋 가운데 이권우가 최고다. 엉덩이가 무겁게 한 주제에 파고드는 탐구열도 그렇고, 해당 주제를 다루는 참고문헌을 요령 있게 정리해서 핵심을 뽑아내는 솜씨가 그렇다.

이런 가정은 무의미하지만, 이권우가 자신의 원래 전공이었던 국문학이나 혹은 평생 관심의 끈을 놓지 않았던 종교학, 정치학(동양 철학) 등을 본격적으로 공부했다면, 그가 높이 평가하는 웬만한 학자보다도 더 높은 성취를 얻었으리라 확신한다. 하지만 1980년대 초중반의 시대가 이권우를 마음 편하게 공부하도록 놓아 주지 않았다.

그 대신, 대한민국은 한 시대를 풍미한 불세출의 '독서 운동가'를 얻었다. 세상 사람이야 매체에 짧게 실린 이권우의 서평이나 부정기적으로 열리는 도서관의 강연으로 그를 접할 테다. 하지만 이른바 도서관 업계에서 그의 영향력은 절대적이다. 그가 공식·비공식적으로 전국 곳곳의 사서와 함께 노력한 덕분에 오늘날 대한민국이 이만큼의 도서관 문화를 가질 수 있었다.

예를 들어 볼까? 2007년의 늦가을로 기억한다. 화천의 한 초등학교에 과학자 여럿이 모였다. 이명현, 이정모, 장대익, 정재승, 전중환 등. 나도 막내로 참여했다. 이권우가 평생 과학자를 한 명도 본 적이 없는 작은 시골 마을에 과학자가 찾아가 무료로 강연하는 프로그램을 기획했고, 그 실험을 해 본 것이다.

이후에 비슷한 취지의 좋은 프로그램이 많아졌다. 나도 이명현, 김상욱과 함께 《과학 수다》(사이언스북스, 2015)를 펴내고 나서 전국 곳곳을 돌아다닌 적이 있다. 이 모든 선한 의도의 실천이 사실 이권우가 처음 기획하고 현실로 옮겼던 실험에서 비롯한 것이다. 좋은 선배 덕분에 나도 역사의 현장에서 한 발 걸칠 수 있었다.

*

돌이켜 보면 이명현, 이정모, 이권우와 나와의 관계는 애정의 경사가 내 쪽으로 기울어져 있었다. 주로 요구하는 쪽은 나였고, 흔쾌히 응하는 쪽은 그들이었다. 20대, 30대 청춘의 철없는 고민 상담 상대가 되어 주었고, 결혼·출산·실직과 같은 인생사의 중요한 순간에 현명한 결정을 내리도록 도왔다.

옛 직장에서 서평 전문 웹진을 시작했을 때, 군말 없이 편집위원을 맡으며 격려를 해 줬다(이명현, 이권우). 때로는 원고를 펑크 낸 나쁜 필자를 대신해서 속된 말로 땜빵 원고를 쓰는 일도 마다하지 않았다(이정모). 그렇게 내가 보채서 얻은 글의 다수가 엮여서 책으로도 나왔다. 이 셋이 쓴 글의 첫 독자는 대개가 나였다.

이 셋이 어느새 환갑이 되었단다. 그들을 처음 만날 때 20대에서 30대로 넘어가는 시기였던 나도 40대 후반을 바라보는 나이가 되었다. 예전부터 농담처럼 당신들 환갑은 내가 챙겨 주겠다고 큰소리쳤었다. 막상 환갑이 되어 보니, 자기들이 알아서 전국 곳곳의 도서관과 서점을 누비면서 환갑잔치를 빙자한 새로운 실험을 할 줄은 몰랐지만.

나만큼이나 오랫동안 셋과 교류했던 과학자 김상욱, 장대익, 정재승에게 이들의 환갑에 맞춰서 뜻깊은 선물을 해 주자고 제안했다. 김상욱과 함께한 《살아 보니, 시간》, 장대익과 함께한 《살아 보니, 진화》, 정재승과 함께한 《살아 보니, 지능》은 이렇게 탄생했다. 과학과 책이 사람을 타고서 우정이 되는 멋진 모습을 여러분과 함께 바라볼 수 있어 기분이 좋다.

앞으로도 오랫동안 이명현, 이정모, 이권우와 함께 유쾌한 실험을 계속할 수 있으면 좋겠다. 마지막으로 평생 하지 않을 말을 하고 마치자.

"이명현, 사랑해!"
"이정모, 사랑해!"
"이권우, 사랑해!"

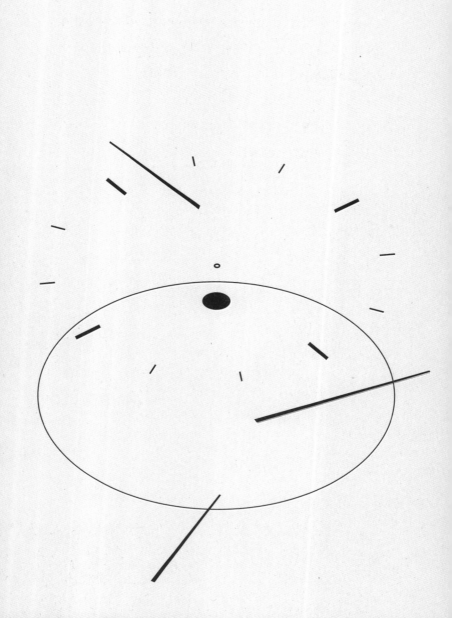

살아 보니, 시간

바로 지금에 관한 이야기

1판 1쇄 펴냄 | 2023년 12월 20일

지은이 | 이권우×이명현×이정모+김상욱
기획·정리 | 강양구
발행인 | 김병준
편 집 | 정혜지
디자인 | THISCOVER·권성민
마케팅 | 김유정·차현지·최은규·이수빈
발행처 | 생각의힘

등록 | 2011. 10. 27. 제406-2011-000127호
주소 | 서울시 마포구 독막로6길 11, 우대빌딩 2, 3층
전화 | 02-6925-4183(편집), 02-6925-4188(영업)
팩스 | 02-6925-4182
전자우편 | tpbook1@tpbook.co.kr
홈페이지 | www.tpbook.co.kr

ISBN 979-11-93166-38-3 (03400)